汉译世界学术名著丛书

明日的田园城市

〔英〕埃比尼泽·霍华德 著

金经元 译

Ebenezer Howard

GARDEN CITIES OF TO-MORROW

本中译本正文主要根据阿蒂克出版社的 **1985** 年版（Ebenezer Howard: *Garden Cities of To-morrow*, Attic Books, **1985**）译出，并部分参照了费伯出版社的 **1946** 年版（Faber and Faber Ltd, **1946**）和斯旺·索南沙因出版社 **1898** 年出版的《明日：一条通向真正改革的和平道路》（*To-morrow: A Peaceful Path to Real Reform*, Swan Sonnenschein, **1898**）。

埃比尼泽·霍华德

(Ebenezer Howard,1850～1928)

(本照片由英国城乡规划协会提供,特此致谢。)

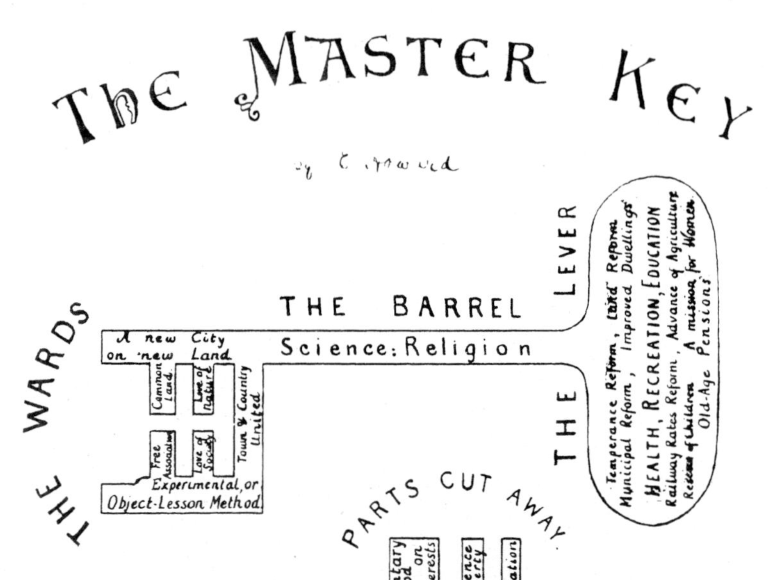

New occasions teach new duties,
Time makes ancient good uncouth;
They must upward still and onward,
Who would keep abreast of Truth.
Lo, before us, burn her camp-fires
We ourselves must pilgrims be,
Launch our May-flower and steer boldly
Through the desperate winter sea,
Nor attempt the Future's portal
With the Past's blood-rusted key

J. R. Lowell.

作者最初拟把书名定为《万能钥匙》，

并绘制了封面草图，后未采用。

（译文见译序第 5 页）

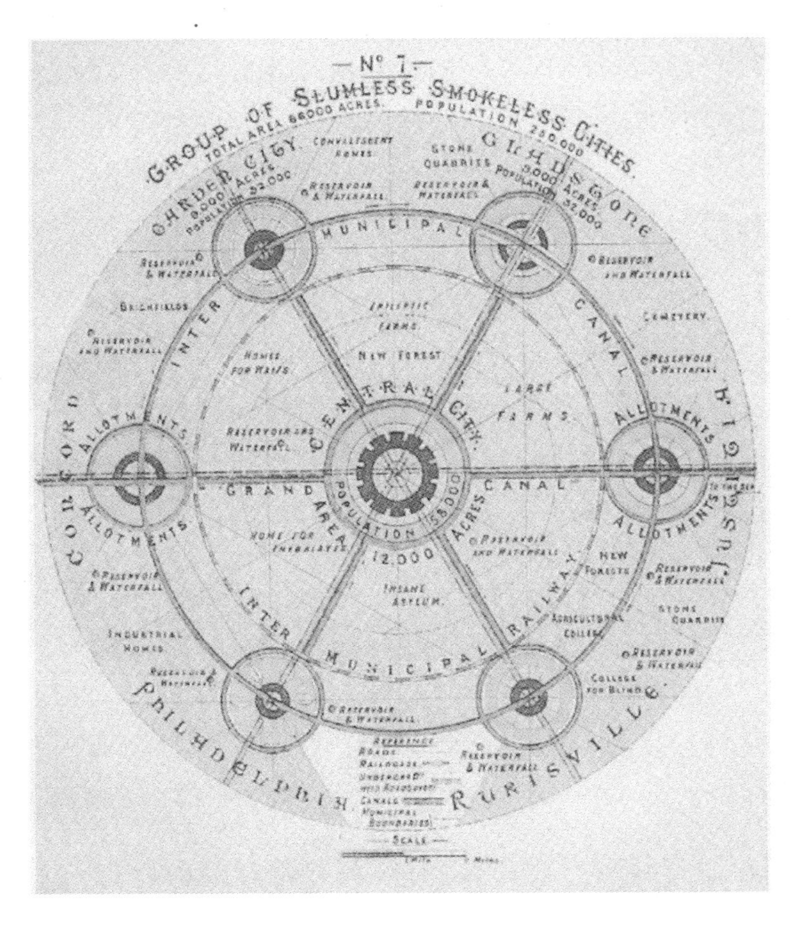

无贫民窟无烟尘的城市群

本图原载于本书1898年第一版，作为“城市增长的正确原则”插图的补充，但在第二至第五版中被删除。参看此图更便于理解第十二章社会城市的论述。（图内文字的译文可参阅“译序”第18～19页）

“新的时机赋予新的责任；
时光使古老的好传统变得陌生；
要想和真理并肩前进，
就必须勇往直前努力攀登。
看啊，真理之光在前方召唤！
先人的事业我们坚决继承。
用我们自己的“五月花”勇探征途，
迎寒风战恶浪绝路夺生。
不求靠祖辈血锈斑驳的钥匙，
打开那未来的大门。”

——J. R. 洛威尔：《当前的危机》。

汉译世界学术名著丛书
出 版 说 明

我馆历来重视移译世界各国学术名著。从 20 世纪 50 年代起，更致力于翻译出版马克思主义诞生以前的古典学术著作，同时适当介绍当代具有定评的各派代表作品。我们确信只有用人类创造的全部知识财富来丰富自己的头脑，才能够建成现代化的社会主义社会。这些书籍所蕴藏的思想财富和学术价值，为学人所熟知，毋需赘述。这些译本过去以单行本印行，难见系统，汇编为丛书，才能相得益彰，蔚为大观，既便于研读查考，又利于文化积累。为此，我们从 1981 年着手分辑刊行，至 2004 年已先后分十辑印行名著 400 余种。现继续编印第十一辑。到 2010 年底出版至 460 种。今后在积累单本著作的基础上仍将陆续以名著版印行。希望海内外读书界、著译界给我们批评、建议，帮助我们把这套丛书出得更好。

商务印书馆编辑部

2009 年 10 月

译　　序

埃比尼泽·霍华德(Ebenezer Howard,1850～1928)的《明日的田园城市》(*Garden Cities of To-morrow*)是一本具有世界影响,知名度很高的书。在它的影响下,英国于1899年建立了田园城市协会(Garden City Association),以后改名为田园城市和城市规划协会(Garden Cities and Town Planning Association),1941年改称城乡规划协会(Town and Country Planning Association)。它曾被翻译成多种文字,流传全世界。田园城市运动也发展成世界性的运动。除了英国建设的莱奇沃思(Letchworth)和韦林(Welwyn)两座田园城市以外,在奥地利、澳大利亚、比利时、法国、德国、荷兰、波兰、俄国、西班牙和美国都建设了"田园城市"或类似称呼的示范性城市。在当今的城市规划教科书中几乎无不介绍这本名著。

然而,这本书很少被正确理解。有些人喜欢以田园城市的支持者自居,却很少读,或者没有读过这本书;有些人按自己的主观想象或出于自己的需要,对它误解或曲解。只有少数人认识到田园城市理论对城市规划事业发展的深远意义,一再提醒人们对它的注意。

这本书自1898年10月以《明日:一条通向真正改革的和平道

路》(*To-morrow*:*A Peaceful Path to Real Reform*)的书名出版以后,到目前为止,在英国共出过六个版本。除第一版和第二版相隔四年以外,其余各版间隔都在20年左右。

1902年发行了第二版,书名改为《明日的田园城市》,内容有所删节和调整:比如说,删除了"无贫民窟无烟尘的城市"、"地主地租的消亡"、"行政机构图解"和"新供水系统"四幅图解和若干引语,以及"行政机构——鸟瞰"一章(约2页,是对"行政机构图解"的说明);把住宅建筑的最小用地面积从16英尺×125英尺改为20英尺×100英尺;在"社会城市"一章中增加了一段文字和一张图以介绍澳大利亚阿德莱德(Adelaide)城市合理布局和发展的经验。总的印象是,书名变动极大,掩盖了社会改革的实质,但是正文基本保持了原貌。这一版的书名和正文一直被以后各版沿用至今。

1922年发行了第三版,由西奥多·钱伯斯爵士(Sir Theodore Chambers)撰写序言。

1946年发行了第四版,由英国田园城市运动的热心支持者弗雷德里克·詹姆斯·奥斯本(Frederic James Osborn,1885～1978)编辑并撰写序言。还有一篇由美国著名城市规划思想家刘易斯·芒福德(Lewis Mumford,1895～1990)撰写的导言《田园城市思想和现代规划》(*The Garden City Idea and Modern Planning*)。奥斯本在序言中明确指出:"现在这一版是根据1902年版编辑的,但是恢复了一些霍华德在1898年版中取自其他作家的引语,在我看来,这些引语在今天会引起新的兴趣。书中的图维持了1902年版的状况。"然而,也许是为了给读者提供更多的信息,编者在书中增加了作者的三张照片和一张手稿、莱奇沃思的两张照片和一张规划图、韦林的两张照片和一张规划图以及一张 1944 年大伦敦规划图，图下标明："田园城市思想运用于伦敦。"

1965 年发行了第五版，其内容几乎和第四版完全相同，只是在序言中增加了一条关于莱奇沃思田园城市的脚注。

1985 年发行了第六版，由英国开放大学新城研究部主任雷·托马斯(Ray Thomas)编辑并撰写序言：《霍华德的被忽视的思想》(*Howard's Neglected Ideas*)，删除了第四版和第五版新增加的全部照片和规划图，恢复了被第二版删除的"无贫民窟无烟尘的城市"、"地主地租的消亡"、"行政机构图解"三幅图解，还增加了一幅在第一版中未采用的图解"万能钥匙"。可以说，这一版是最接近第一版的版本。

这六个版本，一方面说明人们对它有经久不衰的热情；另一方面，各版之间的变化也反映了社会对它在认识上的变化。这是很值得研究的。

目前，我国还处于城市化的发展阶段。我们完全有可能汲取全世界的经验和教训，把我们的城市建设得更好。然而，由于对发达国家城市现状的盲目崇拜，对国内实践中已经出现的各种迹象缺乏科学的分析，也有可能失去这难得的机遇。此时此刻，看一看《明日的田园城市》走过的曲折历程，还它以本来的面貌，认真阅读它，并真正领悟其生命力之所在，将有助于我们对中国城市化问题的思考。

出于上述动机，这个中译本在正文上沿用了自 1902 年以来一直未变的内容；除"新供水系统"图外，书中保留了各版本中所有出自霍华德之手的内容，去除了后人增加的附图和照片。我想，这将有助于读者深入理解这本书的原意。

一、版本的变迁说明了什么？

霍华德最初打算把他的著作称为《万能钥匙》(*The Master Key*)，为此他绘制了一张封面草图(见扉页原图和图1)。尽管由于书名的变更，这张图当时没有发表，但是它却简练地反映了霍华德的主张和抱负。

图的上部是一把钥匙。从钥匙和开榫除去部分的文字中，可以看出他在总体上主张什么和反对什么，而且也生动地表达了霍华德深入浅出的概括能力。这有利于我们掌握全书的思想核心。

图的下部是一首美国诗人洛威尔(James Russell Lowell，1819～1891)的诗《当前的危机》(*The Present Crisis*)，借以表达他自觉承担历史责任，继承先人追求真理的精神，不畏艰险、不墨守成规地打开通向未来大门的决心。这有助于我们更好地理解他在各章正文前选用引语的动机和意图。

1898年的第一版把洛威尔的诗放在封面的正中央，可见霍华德对这首诗的重视。

1902年的第二版更改了书名，在封面上消除了社会改革的痕迹，突出了模棱两可的田园城市概念；删除了部分引语和插图，在形象上有所缓和；然而，正文基本维持原貌。能不能认为，这种外柔内刚的特征，是一种在社会压力下的战略退却呢？外观上的让步适应了上层社会的胃口，使正文得以延续至今达一百多年。这纵然使不求甚解的人引发误解，但终究没有被历史湮没。这使我们有可能透过扭曲的印象和不同的解释，无须"考古发掘"，就能依靠自己的判断来研究霍华德的真实思想。这是不是他的重要贡献之一呢?

据英国城乡规划协会现任主席彼得·霍尔(Peter Hall)和居住环境问题自由作家科林·沃德(Colin Ward)在《社会性城市》(*Sociable Cities*,Wiley,1998)的序言中说:“最初的版本《明日:一条真正通向改革的和平道路》只售出几百本,但是,当1902年以《明日的田园城市》再版时,它就注定成为20世纪城市规划全部历史中最有影响和最重要的书。”

当时的著名插图画家沃尔特·克兰(Walter Crane,1845~1915)为这一版设计了一个封面(图2)。把图2和图1对比,显然表达了截然不同的精神。

罗伯特·比弗斯(Robert Beevers)在《田园城市乌托邦——埃比尼泽·霍华德评传》(*The Garden City Utopia:A Critical Biography of Ebenezer Howard*,MacMillan,1988)中作了如下评述:“霍华德自己显然勉强同意了为本书取个新名字,突出田园城市的名称,消除对改革的联想,也使克兰封面上的中世纪公主增添了一分柔情。田园城市运动在社会上取得了好名声;然而它所得到的仍然是使人犹豫不定。”

雷·托马斯在1985年版的序言中更直截了当地指出:“修改霍华德思想始于1899年田园城市协会的建立。霍华德把‘田园城市’用来专指‘社会城市’的一个局部。但是协会却把‘田园城市’用作象征霍华德思想的通用名词,并把它作为1902年本书第二版书名的一部分。把书名从《明日:一条通向真正改革的和平道路》改变为《明日的田园城市》,并删去了社会城市、地主地租的消亡和新城行政机构3幅图,迈出了小小的,但是重要的背离霍华德思想的步伐。”

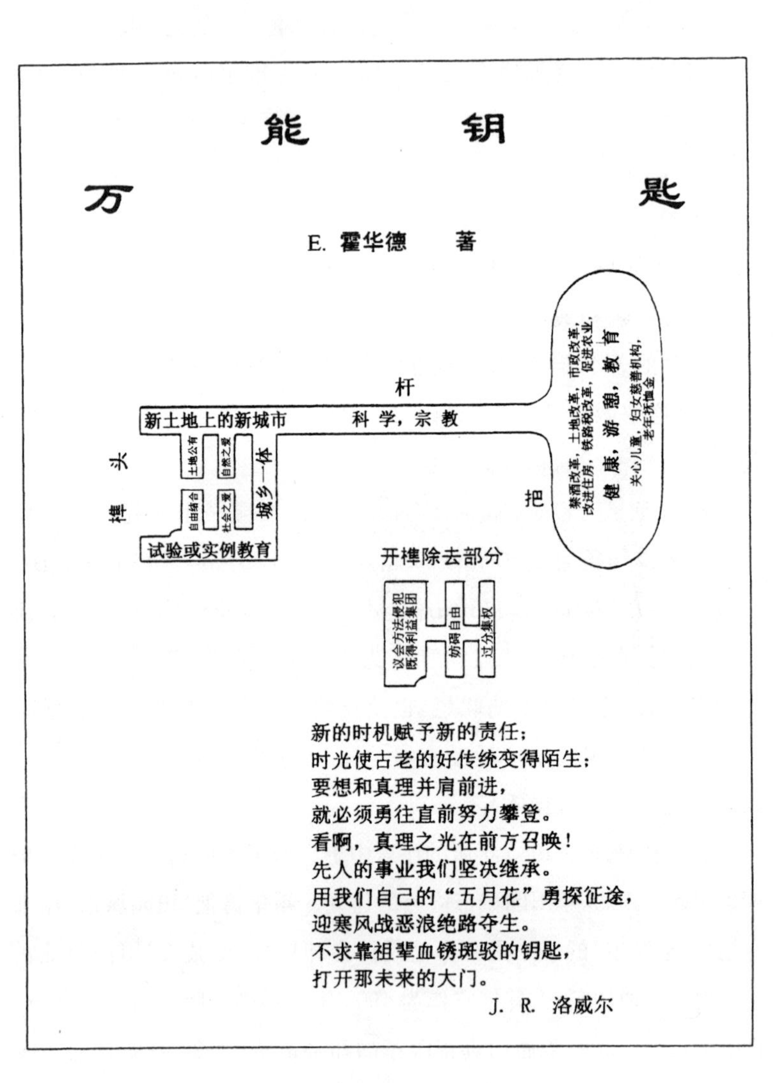

万能钥匙
E. 霍华德　著
杆
新土地上的新城市
科学，宗教
土地公有
自然之爱
自由结合
社会之爱
城乡一体
试验或实例教育
榫头
把
禁酒改革，土地改革，市政改革，
改进住房，铁路税改革，促进农业，
健康，游憩，教育
关心儿童，妇女慈善机构，
老年抚恤金
开榫除去部分
议会方法侵犯
既得利益集团
妨碍自由
过分集权
新的时机赋予新的责任；
时光使古老的好传统变得陌生；
要想和真理并肩前进，
就必须勇往直前努力攀登。
看啊，真理之光在前方召唤！
先人的事业我们坚决继承。
用我们自己的“五月花”勇探征途，
迎寒风战恶浪绝路夺生。
不求靠祖辈血锈斑驳的钥匙，
打开那未来的大门。
J. R. 洛威尔

图 1　《万能钥匙》封面草图

图 2　沃尔特·克兰为《明日的田园城市》第二版设计的封面

在第二次世界大战以后,为适应大规模城市建设的需要,帕特里克·艾伯克隆比(Patrick Abercrombie,1879～1957)在1944年编制的大伦敦规划方案中,在中心区外围的绿带以外设置了八个新城,试图减轻中心区过度发展的压力。据称这是体现了霍华德的规划原则,西方的许多著名规划师也都同意这种说法。

1946年出版的第四版恢复了第二版删除的引语,是重大的进步。然而,编者在书中增加了一张大伦敦规划图,并在图下标明:"田园城市思想运用于伦敦",正反映了当时城市规划界的一种普遍认识。其实,这只是与田园城市形似而不是神似,根本没有触及社会改革的实质。只不过是用发展卫星城的办法,继续推进大城市的发展。关于这个问题,将在下面作进一步讨论。

1965年出版的第五版和上一版几乎完全相同。只是在编者序言中新加了一条关于莱奇沃思的脚注:"(建设初期的贷款)尾数已于1946年付清;1956年去除了对利润的限额,但是根据1962年莱奇沃思田园城市公司法,这块地产于1963年变成了公共财产(public property,根据英国法律,应该理解为国有财产)。"这条脚注传递了两条重要信息:一是去除了对投资者经营利润的限额,二是田园城市公司不再拥有土地所有权和土地经营利润的支配权。这就意味着,霍华德所倡导的一切试验,已经终止。

1985年出版的第六版恢复了除"新供水系统"图外,被第二版删除的全部插图,在内容上是最接近第一版的版本,而且还增加了过去没有发表过的《万能钥匙》封面草图。这至少是一种信号,有人已经认识到有必要重新开始,原汁原味地研究霍华德思想。

六个版本的变化,描绘出人们对这本名著在思想认识上的矛盾。今后的版本还会有什么变化？让我们拭目以待吧！

正如奥斯本在1946年版序言中所说的那样："那些人士所做的少数几件事被全世界精心模仿。然而他们根据霍华德建议所取得的较大成就，仅仅是出于朦胧的理解。"在同一版上，芒福德的导言也指出，这本书"也遭到经典著作通常遇到的不幸：既受到显然从未读过这本书的人的斥责，有时又被对它一知半解的人接受。"

托马斯在1985年版的序言中也尖锐地指出："对霍华德所作的各种评论都以牺牲关键思想为代价。"

在中国，由于长期没有一个公开发行的中译本，情况更是这样。不仅在报纸、杂志上，而且在城市规划和园林设计的教科书上，都常见到没有读过这本书，或者没有真正理解这本书的人所写的似是而非的文章。

从表面现象看，《明日的田园城市》被曲解的原因也许和它用通俗的形式来表达深刻的内涵有关。

有些人习惯于把"Garden City"翻译为"花园城市"。在杂乱、拥挤的城市中，谁不想有一个花园般的生活环境？于是不少人望文生义，以为这本书表达了他们的愿望并大加赞扬，从而把一种全新城乡结构形态的伟大设想，降低为一般人常有的憧憬目标。

书中有几幅构图简单但寄义深刻的图解，如"三磁铁图"、"田园城市图"、"田园城市——分区和中心图"以及"无贫民窟无烟尘的城市群图"。这些图解被广泛引用，广为流传，使人们习以为常，甚至包括引用这些图解的人在内，有多少人真正认真研究了图中的文字、数字，并领悟了它们要表达的中心思想？

深入浅出本来是霍华德表达思想的突出优势，为什么效果会适得其反呢？这就需要从社会思想方面，来寻找更深层次的根源了。

城市在促进物质、文化繁荣和社会进步上的作用是不可磨灭的。然而许多人并没有注意到，城市的繁荣和进步总是伴随着社会制度的更替而发展。各种剥削制度下的少数统治阶级占有绝大部分社会劳动成果，而广大劳动者则处于被压迫、被剥削的境地。因而，特定的统治阶级往往代表着社会的保守力量，过度夸大城市特定阶段的成就，似乎那是千万不能动摇的、幸福万代的保证，而广大劳动者，则企盼更公正、更民主的社会。极少数在不同程度上摆脱阶级偏见的有识之士则敏锐地看到了这种繁荣和进步的昂贵代价：乡村的停滞、落后，和城市生活过度的两极分化、过度的浪费资源和愈来愈脱离人类赖以生存的自然环境。这种代价不仅抑制了乡村的发展，也抑制了城市的发展，社会的固有潜力未能充分发挥，必须探求新的城乡结构形态。

霍华德的思想从一个侧面反映了这种社会改革的愿望。在资本主义还如日中天，不少人还大唱赞歌的时代，他的思想必然超越了常人的理解范围。即使他自称找到了一条“真正改革的和平道路”，也不能不遭到各方面有意无意地取其躯壳、去其精华的“和平反对”和曲解。其实，这并不少见。历史上许多有生命力的见解不也都遭受过曲解吗？

历史就是如此，这个中译本不可能解决这个问题。但是我相信，它将有助于真正关心社会前途的广大中国读者开拓思路，“站在巨人的肩上”远眺，不论他是不是城市规划师。

二、《明日的田园城市》是一本城市规划书吗？

大约在 15 年前，我着手翻译之时，就有人说这不是一本城市规划书。当时我对这种说法没有完全理解，不知从何说起。现在想起来，问题还在于，究竟什么是城市规划？

有些城市规划师习惯于把城市规划看成是图上作业。似乎城市规划方案的优劣主要取决于他们的制图能力。他们并不十分关心当地的自然、社会条件和历史形成的文化传统，只要有当地的地形图，再用几天时间大致看一下现状，就可以离开现场，回家伏案作图了。当时流行什么路网结构图案，就画什么图案。一旦有人创造出某种新图案，全国很快抄袭，到处似曾相识。不反映现状特征的标准化设计，掩盖了原本客观存在的地方特色。难怪人们长期讨论地方特色而不得其解，最后不得不采用行政命令的方式来解决问题：或者用行政命令主观地确定以清式大屋顶、唐风、灰墙黛瓦、坡顶红瓦、浅色墙面、深色墙面等等建筑元素、语汇来表现地方特色的固定、统一；或者用行政命令硬性规定不准有两栋形式相同的建筑出现，有些地方命令在雷同的建筑物上画上各种奇特的花纹，“穿靴、戴帽、打领带”，以表现地方特色的丰富多彩；现在，有些“开明的”领导人想跳过这难解的死结，干脆提倡“欧式风格”。这些作法虽然令人莫衷一是，但又如出一辙。那就是把一个本该靠认识和研究客观存在的自然、社会、文化特征发展规律的问题，求助于某个特别聪明或特别权威的脑袋。其实，特色是客观存在。所谓“千城一面”，不也是一种难以摆脱的时代特色吗？问题只在于，过分强大的人为干扰，可能使客观规律暂时受到抑制，但是从长远来看，它不可能持久，现实生活的教训将使人们最终把它抛弃。

有些地方领导人并不鼓励调查研究。他们喜欢攀比外地或外国的“先进经验”，瞧不起乡土文化，又迷信自己的权威。于是只让城市规划人员画图，主意甚至只由他一个人拿，连副手也只能靠边站。多数人的才能受抑制，得宠的只是少数听话的“绘图员”和惯于逢场作戏的“专家”。在经济发达地区，由于财大气粗，甚至请来了“洋绘图员”。这些洋专家本着“做生意就是做生意”的原则，当然无须考虑当地的经济发展现状，用他们“国际水平”的专业能力，提出了具有诱惑力的方案。在强大行政力量的保证下，这类方案完全有可能实现。尽管此种“政绩工程”脱离国情，壮观有余，实用不足，但是它的巨额造价，足以调动既得利益集团的积极性：讲排场、敢挥霍，也为贪污腐化提供了沃土。

城市规划和城市建设失去了自身本应具有的积极意义，变成了“政绩化妆品”。不少城市领导人坦然地指示设计人员去搞“形象工程”、“风貌设计”、“城市包装”……在工程完工时甚至亲临现场“表演”。有人戏称他们是“领导演员”（《文汇报》2000 年 2 月 28 日）。有人则严肃指出：“……忙于创‘形象工程’，搞形式主义，做表面文章，为升官作‘政绩准备’。这种‘忙’，已经完全背离了‘为人民服务’的宗旨，没有任何积极意义和社会价值（“查一查你在忙什么”，《人民日报》2000 年 2 月 22 日）。”

面对这种不合理现象，有些人不是力图改变它，而是恭顺地肯定它。有些规划人员相信“城市规划转了一大圈，还得落在城市设计上”。有人甚至走得更远，干脆利用自己的知名度，提出要建立一门新科学——“真正的建筑科学”，把城市规划放在这门新科学的第三层次，即工程技术层次。从学科定位上根本否定了城市规划与社会的联系，这可是“真正”使城市规划失去生命力的“新科学”啊！

《明日的田园城市》针对当时英国大城市的弊端，倡导的是一次重大的社会改革。面对这样严肃的大问题，当然不可能主要去谈工程技术问题。这大概就是说“这不是一本城市规划书”的原因吧？

在城市规划工作中，确实有许许多多工程技术问题需要研究。然而这些工程技术问题只是实现城市规划社会大目标的局部手段，并不是全部。把局部当作全部，难免使人想起盲人摸象的故事。其实，不论是盲人还是健全人，只要没有全局观念，都会闹出这种笑话来的。不是吗？

城市这个有机体和人一样，真正的风貌在于内在素质的反映，浓妆艳抹于事无补，只能进一步揭示自身的内心世界。有什么样的社会，就有什么样的城市。要创造什么样的社会，就要建设什么样的城市。因此，不论城市规划的决策者和规划师公开宣扬什么，只要看一看他们实际在做什么样的城市规划方案，就能反映出他们思想深处隐藏的真正立场和价值观。究竟是为人民，还是为少数人、为自己，一目了然。现在社会上流行说“以人为本”。这个在文艺复兴时代鼓舞人心的进步思潮，结合当前现实，却显得苍白无力。有些人把它作为回避“为人民服务”、掩盖利己动机的遮羞布；有些人则盲目从众，削弱了自己的判断力。

城市面貌是当地自然、社会和历史演变的综合体现，工程技术成就只是其中的一个方面。城市规划必须首先通过大量调查研究，来解决城市发展中的许多重大前提问题：我们建设的是什么样的社会？城市如何具体体现这种社会？我们规划的城市在全国应该处于什么地位，应该发挥什么作用？如何保护、发展、利用当地的自然、社会、文化优势？如何避免、弥补、缓解当地的劣势？如何使城乡经济形成良性循环，发挥地方经济、文化优势，逐步提高人民生活水平？如何选择经济进一步发展的突破口？……以及，为此城市建设的各个方面要制定哪些相应政策？解决了这些大前提，工程技术问题才有依据。否则，皮之不存，毛将焉附？

应该承认，现在确有一些城市规划方案没有真正关心社会的前途。比如说，你给钱，我画图，全凭地方领导或老板的一句话。委托者春风得意，受托者来钱容易，皆大欢喜，何乐而不为！又比如说，拆迁公园周边的违章建筑，开发商出钱，决策者赠地，报上宣扬“公园大扫除，收复失地”，不过“其中一小部分用于兴建与公园‘环境互养’的高档住宅”；开发商则竖起广告，以“公园里的家”招揽顾客。好一个“环境互养”，开发商和决策者如愿以偿，“高档居民”安家公园，真是“三赢”。然而，高档住宅占用公园用地，输家当然是广大人民。更有甚者，据某省报报道，某市市长办公会形成一致意见，放下政府的架子和市长的架子，由做官变服务，以市政府名义与外地客商签订拆迁协议：客商出拆迁费，由市政府负责拆迁；给予一切优惠政策；拆迁限定时日，延期一天赔偿对方 1 万元；经营期延至 40 年。以客商的意图作为城市建设的依据，这大概就是不说“为人民服务”，而说“以人为本”的缘由吧！

霍华德在《明日的田园城市》中想的显然不是少数人的利益，更不是个人利益。尽管“田园城市运动”使他饮誉全球，他的终生职业依然是一个普通的速记员。他针对当时英国大城市所面临的问题，提出了用逐步实现土地社区所有制、建设田园城市的方法，来逐步消灭土地私有制，逐步消灭大城市，建立城乡一体化的新社会。现在看，这个一百多年前的主张似乎把问题看得太简单了，幻想的色彩太浓。然而，他仍然给我们留下了一笔非常宝贵的精神财富：

(1)在城市规划指导思想上摆脱了显示统治者权威的旧模式，提出了关心人民利益的新模式。这是城市规划立足点的根本转移。

(2)摆脱了就城市论城市的陈腐观念。正如芒福德在1946年版导言中说的那样："霍华德把乡村和城市的改进作为一个统一的问题来处理，大大走在了时代的前列；他是一位比我们的许多同代人更高明的社会衰退问题诊断家。"只有这样，才能全面促进社会的发展。

(3)城乡结构形态必须适应时代的发展。以大城市为主体的城乡结构形态能永世长存吗？在交通、通讯、计算机事业迅猛发展的今天，城乡一体的小城市网络有可能是一条新出路。在大城市给人们带来许多困惑之际，至少不是每一个城市都愈大愈好。为什么我们不学习西方治理城市病的成功经验，偏偏要把他们的城市病态作为效法的榜样！

(4)城市规划需要加强基础理论的研究。在我国乡镇企业有很大发展的基础上，有些很有生命力的小城镇，在艰苦创业的初期，走出了一条勤俭建设、城乡一体的新路。当时我曾认为："也许当今的我国人民更能与霍华德未被他的同胞所理解的思想产生共鸣。"然而我错了，人们的传统观念是那么根深蒂固，总以为这只不过是一种在资金不足条件下的权宜之计，待到富了，就放弃了这条新路，重新回到盲目追求大城市、严重破坏自然环境的老路上去。看来，现实的新事物，如果没有正确的理论总结和指导，还是很难巩固和发展的。

我想,正因为《明日的田园城市》给我们留下了不少可以结合当前情况进行思考的问题,奥斯本才在1946年版的序言中说:“在读这本书时要注意,我们正在研究的是一张近50年的蓝图。令人惊讶的不是它的边缘已经褪色,而是它的中心依然清晰、醒目。”现在离奥斯本说这句话的时间又过去了50多年,不合理的城乡结构形态愈演愈烈,人们的基本观念也没有什么大变化,这难道不依然是一本极有价值的城市规划理论书吗?而且,它的意义还远不止于城市规划行业本身。所有关心社会前途的人,都有可能从中得到启迪。

三、什么是“田园城市”?

霍华德倡导的是一种社会改革思想:用城乡一体的新社会结构形态来取代城乡分离的旧社会结构形态。他在序言中说:“城市和乡村都各有其优点和相应缺点,而城市—乡村则避免了二者的缺点。……这种该诅咒的社会和自然的畸形分隔再也不能继续下去了。城市和乡村必须成婚,这种愉快的结合将迸发出新的希望、新的生活、新的文明。本书的目的就在于构成一个城市—乡村磁铁,以表明在这方面是如何迈出第一步的。”为了形象地说明上述观点,他绘制了著名的三磁铁图,三块磁铁分别注明为“城市”、“乡村”、“城市—乡村”,三种引力同时作用于“人民”,于是提出了一个耐人寻味的问题:“他们何去何从?”

在英语中“garden”可以广泛地译为“园”,花园、香料园、药草园、菜园、果园、动物园、植物园、苗圃等等都可以称为garden。把

“garden city”译为“花园城市”未尝不可。但是,为了避免人们过分习惯于把“花园城市”理解为“美如花园的城市”,把注意力放在园林艺术手法上,忽视了“城乡一体”的主题思想,我在十几年前就决定译为“田园城市”。希望人们能从“田”字联想到“乡”,以体现“城乡一体”。不过,这一字之差并没有引起注意,误解还在继续。

其实,虽然霍华德在“田园城市”中设置了林阴大道和中央公园,但是他并没有在“花园”上大做文章。他的田园城市示意图明确写着:“城市用地 1 000 英亩,农业用地 5 000 英亩,人口 32 000 人。”所谓田园城市,显然是城乡一体的。其中城区 1 000 英亩、30 000 人,平均每人城市用地面积约 135 平方米,彼得·霍尔就曾在《城市和区域规划》(*Urban & Regional Planning*, Penguin Books, 1975)中指出:“与一般印象相反的是,霍华德为他的新城所提倡的是相当高的居住密度:大约每英亩 15 户。按当时一般的家庭人口规模,约相当于 80～90 人/英亩(200～225 人/公顷)。”

1919 年田园城市和城市规划协会与霍华德协商,对田园城市下了一个简短的定义:“田园城市是为安排健康的生活和工业而设计的城镇;其规模要有可能满足各种社会生活,但不能太大;被乡村带包围;全部土地归公众所有或者托人为社区代管。”尽管这个定义回避了社会改革,但是至少它与人们通常理解的“花园城市”并不相干。

但是,对于霍华德来说,“田园城市”并不是他的奋斗目标,而只是实现他所追求的目标——“社会城市”——的一个局部试验和示范。1902 年更改书名的主要后患就在于,它把人们的视线从社会改革的整体转向具体实践的一个局部。

四、什么是“社会城市”？

在第十二章“社会城市”中，霍华德谈到田园城市发展应遵循的正确原则。他说：“田园城市一直增长到人口达到 32 000 人。它将怎样继续发展？……它是否要在环绕它的农业地带上进行建设，从而永远损坏它称为‘田园城市’的名声？肯定不是。如果环绕该城镇的土地，像环绕我们现有城市的土地一样，属于那些迫切想从中牟利的私人，这种灾难性后果肯定会出现。……但是幸而环绕田园城市的土地不在私人手中，而在人民手中：不是按个人设想的利益，而是按全社区的真正利益来管理。……让我们想一下澳大利亚一座城市的情况，它在某些方面说明了我所主张的原则。……阿德莱德(Adelaide)城被‘公园用地’所包围。……它的增长是越过‘公园用地’建设北阿德莱德。这就是要效法的原则，但在田园城市中有所改进。……它将在其‘乡村’地带以外不远的地方，靠建设另一座城市来发展，因而新城镇也会有其自己的乡村地带。”(顺便说一下，上述引文已经表明，我国有些学者认为，绿带的构思起源于田园城市，是不准确的。)就这样，“随着时间的推移形成一个城市群”。他把这个城市群称为“社会城市”。

扉页中的“无贫民窟无烟尘的城市群”图，用图解的方式介绍了“社会城市”的结构形态和主要内容：

(1)一个面积 12 000 英亩、人口 58 000 人的中心城市和若干个面积 9 000 英亩(正文为 6 000 英亩)、人口 32 000 人、名称和设计各异的田园城市，共同组成了一个由农业地带分隔的总面积 66 000英亩、总人口 250 000 人的城市群，即社会城市。从中心城市中心到各田园城市中心约4英里;从中心城市边缘到各田园城市边缘约2英里。

(2)各城市之间放射交织的道路(Road)、环形的市际铁路(Inter Municipal Railway)、从中心城市向各田园城市放射的上面有道路的地下铁道(Under Ground with Roads over)以及环行的市际运河(Inter Municipal Canal)和从中心城市边缘向田园城市放射的可通向海洋的大运河(Grand Canal)等,在交通、供水和排水上,把社会城市联结成一个整体。

(3)在田园城市四周,有自留地(Allotments);在城市之间的农业用地上,有新森林(New Forest)、大农场(Large Farms)、癫痫病人农场(Epileptic Farms)、水库和瀑布(Reservoir & Waterfall)、疗养院(Convalescent Homes)、工业疗养院(Industrial Homes)、流浪儿童之家(Homes for Waifs)、戒酒所(Home for Inebriates)、精神病院(Insane Asylum)、农学院(Agricultural College)、盲人学院(College for Blind)、墓地(Cemetery)、采石场(Stone Quarries)、砖厂(Brickfields)。

然而,"社会城市"的意义远不只是建设一个全新的田园城市群。霍华德结合当时地铁的出现,铁路事业的大发展,提出了用"社会城市"改造大伦敦的设想:"由于快速交通的综合效果,我们彼此之间都将比住在拥挤的城市中靠得更近,与此同时,我们都将使自己置身于最健康、最优越的环境之中。"

他说:"我的有些朋友认为,这种城镇群方案非常适用于一个新国家,但是在一个城镇早成定局的国家中,城市已经建成,大部分铁路'系统'已经建成,情况就大不相同了。可以肯定,产生这种观点是由于坚决认为国家的现有财富形式是永久的,而且永远是引进较好形式的障碍：拥挤的、通风不良的、未经规划的、臃肿的、不健康的城市妨碍着引进新的、使现代科学方法和社会改革目标能充分发挥各自作用的城市形式。不行，不能这样；至少不能长期这样。……事物的本质并不是人们应该继续住在他们的祖先曾经住过的老地方，……我诚挚地请读者不要认为现在形态的大城市必然比公共马车系统更持久，就在铁路快要代替公共马车系统的时刻，它还是非常令人赞赏的。我们要面对的，而且一定会面对的唯一问题是：在一块基本未开垦的土地上实施一个大胆的规划方案，是否能比使我们的旧城市适应我们的新的更高的需要，更能获得好的结果？……只能有一种回答：当简单的事实被牢牢掌握以后，社会的剧烈变革就会迅速开始。"

霍华德在第十三章"伦敦的未来"中还明确指出："彻底改造伦敦的时刻尚未来到。必须首先解决一个简单问题。必须建设一个小的田园城市作为工作模型，然后才是建设前一章谈到的城市群。在完成这些任务，而且完成得很好以后，就必然要改建伦敦，这时，既得利益集团的路障，即使没有完全清除，也大部分被清除了。"

因此，霍华德自 1903 年起就把他的主要精力集中于建设哈德福郡（Hertfordshire）北部的莱奇沃思田园城市，住在那里直接指导工作。把它作为建设示范性田园城市、社会城市、进而全面改建大城市的第一步。

不少东西方学者认为，目前世界各地普遍建设的"卫星城"和"新城"就是霍华德所倡导的"田园城市"。其实，它们和"田园城市"在指导思想上是背道而驰的。我们不妨把 1944 年大伦敦规划图（图 3）和霍华德的"社会城市"作一番比较。

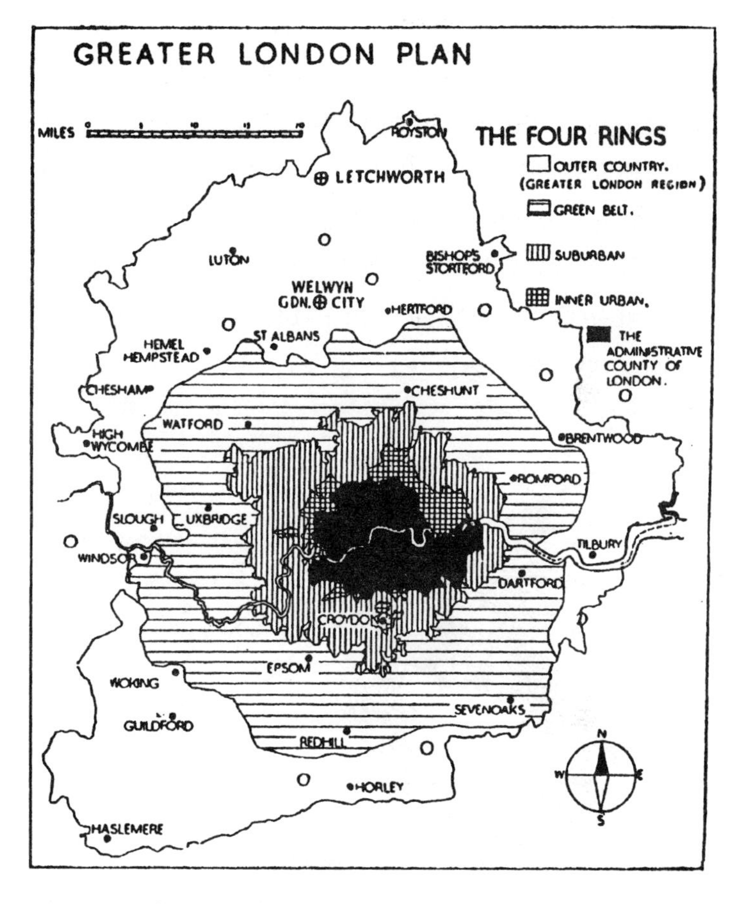

⊕*Letchworth and Welwyn Garden Cities*

○*Proposed sites for new "satellite" towns in Plan*

THE GARDEN CITY IDEA APPLIED TO LONDON. PROPOSED SITING OF EIGHT TO TEN NEW SATELLITE TOWNS AND RESERVATION OF COUNTRY BELT IN PROFESSOR SIR PATRICK ABERCROMBIE'S GREATER LONDON PLAN 1944

图 3　1946 年版增加的 1944 年大伦敦规划图

在第二次世界大战以后,大城市人口迅速发展,相应地带来了住房建设的高潮。为适应这种社会发展需要,又想避免给大城市带来过大压力,受田园城市运动的影响出现了大伦敦规划方案,在绿带以外建设若干个新城和卫星城。当时这个方案颇有新意,产生了世界影响。方案原想向外疏散部分伦敦人口,此目的并未实现,只是用新的方式吸引了更多的外来人口,变相地进一步扩大了大伦敦。中国的一些大城市也采用了这种手法,由于没有严格的绿带限制,结果多数连成了"大饼"(图 4)。

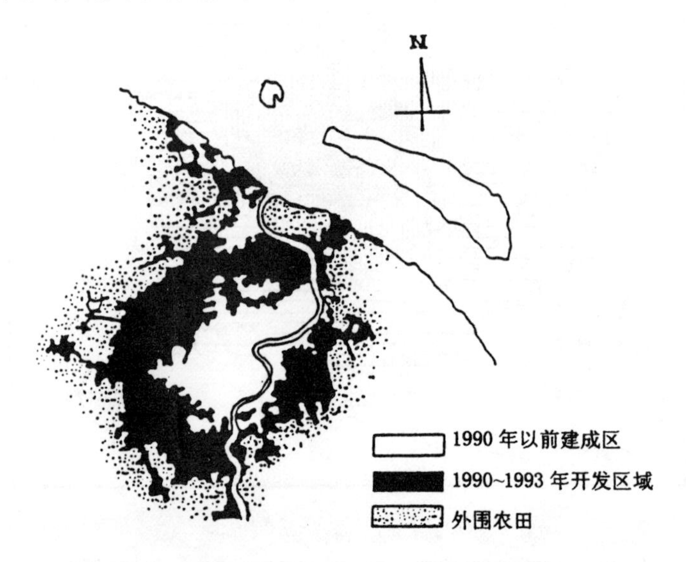

图 4 上海市 1990 年以后城市开发扩展区域图

(资料来源:上海市城市规划设计研究院,法国卫星图像)

1944 年大伦敦规划方案似乎和霍华德的"社会城市"十分相似,好像都是一个母城带着若干个卫星城。然而仔细看一看,量的不同反映了质的差别。"社会城市"的总人口只有25万人，中心城市5.8万人，每个周边城市3.2万人。显然只是一个小城市群，没有母城和卫星城的关系。它的目的是想用这种城乡一体的小城市群来逐步取代大城市。大伦敦规划显示的则完全是另一番景色，要在大伦敦的基础上"锦上添花"，继续发展。

把大伦敦规划和田园城市思想联系起来，显然是用形似来阉割霍华德的社会改革思想，使它走向了它的反面，变成了维护旧城乡结构的工具。

芒福德在《明日的田园城市》1946年版的导言中说："田园城市不仅是要……为大城市的改建准备道路；而且还要消除与大城市的拥挤必然相关的东西，城郊居住区……这是一种荒诞的中产阶级对付独裁君主们的官场蠢话的产物，是这些君主在凡尔赛(Versailles，17世纪始建于巴黎附近的法国王宫)或宁芬堡(Nympheburg，1664年始建于慕尼黑郊外的贵族府邸)为他们自己设计的一个支离破碎的玩具世界。霍华德定义的田园城市不是城郊，而是城郊的对立物；不是乡村避难所，而是为生动的城市生活提供的完整基础。"

芒福德还在《城市发展史：起源、演变和前景》(*The City in History: Its Origins, Its Transformation and Its Prospects*, Harcourt, Brace & World, 1961)中对"社会城市"作了如下解释："如果需要什么东西来证实霍华德思想的高瞻远瞩，他书中的'社会城市'一章就够了。对于霍华德来说，田园城市既不意味着隔离孤立，也不是指那些位于偏远地区、好像与世隔绝的寂静的乡村城镇。……如果田园城市在一些较高级的设施上不去依赖负担已经过重的大都市，不把它自己降低到仅仅是卫星城的地位，那么，一旦较小的新城发展到一定的个数，就必须精心组合成一个新的政治文化组织，他称之为‘社会城市’——后来克拉伦斯·斯坦(Clarence Stein，1882～1975，美国著名城市规划师)和他的同事们把它叫做区域城市(Regional City)——把它们的资源集合起来，提供只有大城市才可能独自办得起的设施：工学院或大学，专科医院或专业交响乐团。霍华德指出，10个各为3万人口的城市，用高速公共交通联系起来，政治上是联盟，文化上相互协作，就能享受到一个30万人口的城市才可能享受的一切设施和便利；然而却不会像大城市那样效率低下。”

不过，霍华德显然过分乐观。他认为：“当简单的事实被牢牢掌握以后，社会的剧烈变革就会迅速开始。……当我们的第一次试验取得成果以后，要获得必要的国会权力以购置土地，并一步一步地落实必要的工作就没有大困难了。”1965年版序言中新添的脚注证明，已经建成的莱奇沃思田园城市并没有像霍华德所企盼的那样，在英国引起连锁反应。

五、吹响了人民城市的号角

城乡分离的社会大分工，最早只能出现在农业生产已有相当发展的奴隶制后期。这就注定，城市一出现就被打上了阶级的烙印：统治阶级向城市的集中，使城市和乡村的分工协作关系，笼罩上城市剥削农村的城市中心论阴影。因此，长期以来，城市规划的主导思想一直是显示统治者的无上权威。在东方，有《考工记·匠人》营国制度;在西方,有以教堂为中心的中世纪模式、奥斯曼改造巴黎的巴洛克规划模式和以纽约曼哈顿为代表的金融寡头模式。

芒福德在《城市发展史:起源、演变和前景》中对巴洛克规划曾经有过非常深刻的批判:“巴洛克城市,不论是作为君主军队的要塞,或者是作为君主和他朝廷的永久住所,实际上都是炫耀其统治的表演场所。”“把城市的生活内容从属于城市的外表形式,这是典型的巴洛克思想方法。但是,它造成的经济上的耗费几乎与社会损失一样高昂。……大街必须笔直,不能拐弯,也不能为了保护一所珍贵的古建筑或一棵稀有的古树而使大街的宽度稍稍减少几英尺。……交通和几何图形在与人类利益矛盾时,总是前者优先。”“巴洛克规划师们,自以为他们的式样是永恒不变的。他们不仅严密组织空间,而且还想冻结时间。他们无情地拆除旧的,同时又顽固地反对新的。”“巴洛克规划用行政命令手段取得的外表上的美观,实在是非常华而不实。逐步改建城市其他地方所迫切需要的财力物力,被强制集中到一个区,把整个区拆光,然后再进行大规模建设。”

同样,芒福德在同一书中对资本主义的批判也是不留情面的。他说:“人类在资本主义体系中没有一个位子,或者毋宁说,资本主义承认的只有贪得无厌、傲慢以及对金钱和权力的迷恋。……为了发展,资本主义准备破坏最完善的社会平衡。……摧毁一切阻碍城市发展的旧建筑物,拆除游戏场地、菜园、果园和村庄,不论这些地方是多么有用,对城市自身的生存是多么有益,它们都得为快速交通或经济利益而牺牲。”“资本主义的‘自由’是指逃避一切保护、规章、社团利益、城镇管辖边界、法律限制和乐善好施的道德义务。现在,每一个企业是一个独立单位,这个单位把追求利润置于所有社会义务之上,高于一切";"资本主义经济认为,城市发展的规律意味着坚决无情地扫清日常生活中能提高人类情操,给人以美好愉快的一切自然景色和特点。江河可以变成滔滔的污水沟,滨水地区甚至使游人无法走近,为了提高行车速度,古老的树木可以砍掉,历史悠久的古建筑可以拆除;但是,只要上层阶级能在中央公园内驱车遨游或是清晨在伦敦海德公园的骑马道上放马漫步,没有人会关心城市中广大市民缺少公园绿地和休息场所。"

从意识形态上讲,各个历史时期的有识之士都怀有人民解放的愿望。在东方有老庄哲学的"无为"、儒家的"民本",在西方有文艺复兴时代的"人本主义"、资产阶级的"民主"、以《乌托邦》为先驱的空想社会主义和马克思主义。

然而,霍华德走的是另一条路,他的《明日的田园城市》第一次把人民解放的愿望全面体现在一本城市规划专著上。他说:"那些拥挤的城市已经完成了它们的使命;它们是一个主要以自私和掠夺为基础的社会所能建造的最好形式,但是它们在本质上就不适合于那种正需要更重视我们本性中的社会面的社会——无论哪一个非常自爱的社会,都会使我们强调更多关注我们同伴的福利。"这种思想为城市规划事业开创了一个新纪元。尽管霍华德没有接受马克思主义,把社会制度的变革看得过分简单,对既得利益集团的反抗估计不足。然而,他确实超越了城乡对立思想的禁锢,对未来的城乡结构做了十分有益的探索。在拜金主义、权钱交易左右城市发展的时代,他的主张难以实现并不奇怪。值得注意的倒是它一百多年来经久不衰的顽强生命力。

可以说,《明日的田园城市》的人民性,吹响了人民城市的号角。这号角声始终在全世界回荡。它提醒我们不要陶醉于当前城市的亮丽外表而不求进取。以贪婪为动力,不关心绝大多数人民利益的城市,不可能真正促进社会的繁荣。

请读者再认真看一看著名的"三磁铁"图,作者最关心的是人民的未来。作者在序言中也明确指出:"大家似乎一直认为人民,至少是劳动人民,……现在不可能,而且永远不可能住在农村而从事农业以外的职业;拥挤而有碍健康的城市是经济科学的结论;我们现在这种把工业和农业截然分开的产业形式必然是一成不变的。这种谬误非常普遍,全然不顾存在着各种不同于固有成见的可能性。"全书由始至终根本没有任何"炫耀统治"的痕迹。对比当今世界上各种有影响力的城市规划方案,尽管在技术措施上各有独到之处,又有哪一个能在指导思想上如此鲜明!本书第六版的编者序言称霍华德属于另类规划师(Alternative Planners),我曾译为不入俗套的规划师,因为他确实与众不同。他关心的不是迎合权势者的私欲,也不是解决城市的某些局部问题,而是城市发展的大方向——依靠城市基本活力之所在——广大劳动人民。

六、霍华德的生平和人格魅力

1850年1月29日,埃比尼泽·霍华德生于伦敦城福尔街(Fore Street)62号。他的父亲也叫埃比尼泽,在伦敦拥有几家甜食店,属于中产阶级下层,但游手好闲,不善经营。母亲是个能干而有商业头脑的农家女,既要掌管店铺又要料理家务。他们共有

9个子女，人多事杂，因而，小埃比尼泽4岁半就被送入寄宿的家庭小学。他学会了流畅的书写，为以后学习速记打下了基础。也许是父母并不渴求孩子们接受专业教育，小埃比尼泽15岁辍学就业，进入日益庞大的城市职员大军，出入于证券交易所、律师事务所，有时也去教堂听布道。18岁时，他自学速记，并全文记录了一位牧师的布道，从而得到牧师的赏识，当了牧师的助手。这标志着他速记生涯的开始。

然而，他依然心神不定。在21岁时，他突然决定要去美国，但没有明确的目的。他和另外两个同龄人于1871年3月到达内布拉斯加州（Nebraska，美国中部以农牧业为主的州）。三人共有160英亩土地，种植玉米和马铃薯，睡在同一座单间小屋中，但各自管理自己的土地。一个多月以后，霍华德失败了，只好沦为同伴的雇工。

度过严冬以后，他去了芝加哥，在一家声誉良好的速记公司参与报道芝加哥法院的工作。在朋友的影响下，他开始有系统地读书，把自己感兴趣的段落摘录在永久保存的摘录簿上，其中包括惠特曼（Walt Whitman，1819～1892）、洛威尔、爱默生（Ralph Waldo Emerson，1803～1882）等人的著作。然而，对他影响最深的是潘恩（Thomas Paine，1737～1809，出生在英国的著名美国政论家）的《理性的世纪》（*Age of Reason*）。他说，这使他思想大为解放，成为独立思考的人。在芝加哥他还看到当时新出版的由本杰明·沃德·理查逊（Benjamin Ward Richardson）撰写的《健康的城市》（*Hygeia*）。这是一本有关合理规划城市的小册子，主张关心居民福利、控制人口密度、增加绿地面积和采用地铁交通。可以说，这时《明日的田园城市》的构想已经开始浮现，以后书中选用的有些引语就是出自上述著作。

1876 年霍华德回到英国。历时五年的美国之行使他扩大了眼界，漫无目标的浮躁情绪业已消除，这为他以后的工作做好了准备。然而，后来有人认为，他的田园城市思想受到当时芝加哥被称为花园城市（garden city）的影响。他始终不承认这种说法。可见，当时就有人把田园城市混同于常人概念中的花园城市。

他无可选择，只能靠速记为生。他有幸受聘于一个享有独家报道议会大厦官方消息特权的格尼父子公司（Gurney and Sons）。他的工作十分辛苦，经常需要在凌晨报道昨夜通宵达旦的辩论。开始，他报道下院的活动，在取得一定经验以后，就允许他报道政府各委员会的活动和证词。他开始对议会是否能进行社会改革持怀疑态度，但是，他学会了以有力的论点用语言和文字来表达有关的问题。尽管地位不高，但是，他已经习惯于和政要往来，毫不犹豫地和他们长谈，发表自己的意见，得到有益的建议。他喜欢自己的工作，然而，作为一个雇员他总有寄人篱下之感。为此，他曾短期入伙威廉·特雷德韦尔（William Treadwell）公司。以后他成为自由职业者，直到 1920 年退休。终生的速记生涯使他有可能从较深层次上来理解各种社会问题，从而使他在写作中充满了社会责任感。

1879 年他和伊丽莎白·安·比尔斯（Elizabeth Ann Bills）结婚。他们是亲上加亲，他的兄弟和她的姐妹是夫妇。伊丽莎白的父亲在考文垂（Coventry）附近开了一家乡村酒店，家庭生活殷实。然而，他们婚后的生活却相当艰难：7 年中生了 5 个孩子，最小的一个夭折，此后，她的健康状况一直不佳；经济拮据，住房经常迁租，没有安定的家庭生活；经过20多年的颠簸，1904年迁到莱奇沃思田园城市，尚未住定，她就去世了。然而，他们的生活是和睦、愉快和幸福的。霍华德是一个称职的丈夫，关心家务；她则通情达理、聪明、快乐、性格宽容，支持他的写作、发明和各种活动，积极传播他的主张。1905年莱奇沃思建设了霍华德夫人纪念堂，以表彰她的贡献。

他花了不少时间研究间距可调的打字机，他确信它的商业价值。1884年，他重访美国，希望把他的专利卖2 000英镑，而买方只肯出250英镑，未能成交。然而，他对打字机的关注和田园城市一样付出了一生。在他看来，二者有共同之处，那就是所有的部件都必须服务于一个共同的功能目标。在《明日的田园城市》中确能看出这种考虑细致、目标明确的特征。

1888年，美国作家爱德华·贝拉米(Edward Bellamy，1850～1898)出版了一本长篇小说《回顾——公元2000～1887》(*Looking Backward* 2000～1887，商务印书馆已出版中译本)。这本书暴露了当时社会的各种矛盾和弊病，提出了幻想的经济、政治主张。1889年，由于霍华德的奔走，这本书得以在英国出版。显然，霍华德也深受这本书的影响。

1903年，田园城市协会在莱奇沃思购得一块土地，成立了第一个田园城市公司，开始建设第一座田园城市；1919年，又在韦林购得一个狩猎场，建设了第二座田园城市。1909年，国际田园城市和城市规划协会成立，由霍华德任主席，直到他去世。

霍华德有天赋的口才，嗓音洪亮动听，奥斯本认为："他在年轻时非常像一位莎士比亚戏剧的业余演员。”然而，他为人善良、谦逊、朴素、不爱显露自己，在他成名以后依然如此。萧伯纳很赞赏他的为人，曾经不无夸张地说：这个“无与伦比的人”看上去像一个“微不足道的老头”，“证券交易所会把他作为一个无足轻重的怪人而解雇”。即使在大家讨论他的倡议时，他也不强加于人，完全相信别人能把计划执行得很好。他的全神贯注、民主和大度是因为他把社会问题看成是头等重要的大事，容不得半点私心。

他在晚年时期，把全部精力用于莱奇沃思和韦林这两座田园城市的建设。他想继他的著作以后，进一步用实例示范来唤醒这个麻木的世界。在一个远未文明的世界上，一位怀有高尚动机和超前意识的人，除此以外还能做些什么呢！

1927 年，他被敕封为爵士。1928 年 5 月 1 日，他于韦林田园城市逝世。

他为后人留下了一份极为宝贵的文化遗产。它们始终在呼吁和促进着社会的觉醒。当人们一旦摆脱了狭隘私利的束缚，必然会从中吸取丰富的营养。我坚信，这一天终将到来。

金经元

2000 年 4 月于北京

目　录

作者序言*

“在保守的躯壳下悄悄聚集起来的新的力量、新的渴望、新的目标，骤然地显现出来。”

——格林：《英国人民简史》(J. R. Green, *Short History of the English People*)第十章

“在多数情况下，变化是在大量争吵和辩论以后实现的，因而人们并不察觉各种事务几乎都默默地受到很不引人注目的因素的影响。第一代人认为无可争议的制度，第二代人中的强者会给予指责，而第三代人中的强者却为之辩护。此一时，最确定的论据，即使允许全面发表，也无济于事；彼一时，最幼稚的诡辩就足以成立。此一处，即使在纯理性上站不住脚的制度也能与社会上自觉的习惯和思想方式相适应；彼一处，这种制度已经受到即使用最敏锐的分析也难以解释的影响而改变，不费吹灰之力就足以摧毁那腐朽的结构。”

——1891年11月27日《泰晤士报》(*The Times*)

---

* 本译本保留了原书各版的脚注(以加〔 〕的序号表示)；为了帮助读者了解一些背景材料，又加了必要的译者脚注(以加○的序号表示)。——译者

在这各持党派之见，社会和宗教问题争论剧烈的时代，似乎难以找到一件关系国家生活福利的大事会使所有的人，无论属何政党，持何社会见解，都能完全一致。论及戒酒，你会听到J.莫利先生[①]说，这是“自废除奴隶制运动以来的最大的道德运动”；但是布鲁斯勋爵[②]会提请你注意“国家每年由此获得4 000万英镑商业税，因而实际上维持了陆军和海军，并使成千上万的人得以就业”，“即使是绝对忌酒的人也应大大感谢特许酒商，如果没有他们，水晶宫[③]的小吃部早就关门了”。论及鸦片贸易，一方面有人说，鸦片迅速腐蚀了中国人的意志；另一方面有人说，这纯属误解，感谢鸦片，它使中国人能够干欧洲人根本干不了的劳动，因为他们的食物是最不讲究的英国人也会嗤之以鼻、难以下咽的。

宗教问题和政治问题往往把我们分为敌对的阵营。因而，在这个迫切需要用冷静而不持偏见的思想和纯正的动机来实现公正信念和高尚行为准则的国度里，给旁观者深刻感受的不是真诚地追求真理和热爱这个几乎仍然使所有的人为之心情激动的国家，而是战争的喧嚣和军队的冲突。

然而，有一个问题几乎使人们没有什么分歧意见。不仅在英国，而且在欧洲、美洲以及我们的殖民地，不论属何党派，大家几乎一致对人口将继续向已经过分拥挤的城市集中、农村地区将进一

---

① John Morley (1838～1923)，英国自由党政治家、传记作家。长期担任国会议员。曾任爱尔兰总督、印度事务国务大臣。1908年被封为子爵。

② James Bruce(1811～1863)，英国外交官。曾任加拿大总督。第二次鸦片战争期间，1857年和1859年两度率英法联军侵略中国。1862年任印度总督。

③ Crystal Palace，用钢和玻璃建成的建筑物，初用于1851年伦敦博览会的会场，后作为展览馆和音乐厅，为当时伦敦的重要标志，1936年毁于大火，1941年全部拆除。

步衰竭的问题深感不安。

几年以前，伦敦郡议会议长罗斯伯里勋爵[①]对此十分重视，他说：“在我的脑海中并不因想到伦敦而引以自豪。我经常被伦敦的严重问题所纠缠。非常严酷的事实是，几百万人在这条壮丽的河边犹如遭受灾难般地沮丧，各自在孤陋、斗室中工作，彼此互不关心、互不谅解，丝毫也不想到别人的死活——无数的冷漠的受害者。60年前一位英国伟人科贝特[②]把这种现象称为赘疣。如果那时是赘疣，现在是什么呢？大肿瘤，渗入消化系统的象皮病，使农村地区的血、肉、骨骼和生命半死不活。”（1891年3月）

戈斯特爵士[③]道出了症结所在，并提出了对策：“治病必先除根；必须逆转潮流，制止人口向城市迁移，让他们返回故土。城市自身的利益和安全问题也就迎刃而解。”（1891年11月6日《每日纪事报》（*Daily Chronicle*））

法勒教长[④]说：“遍地即将布满大城市。乡村停滞、衰退；城市畸形发展。如果城市确实日复一日地变成人类的坟墓，那么当我们看到住房如此拥挤，被毫无顾忌地糟蹋得如此肮脏、污水横流，又何足为奇呢？”

罗德斯医生（Dr. Rhodes）在人口统计大会上提请大家注意：

---

① Archibald Philip Primrose Rosebery（1847～1929），英国自由党政治家，1881～1883年任内政次官，1885年任掌玺大臣，1886年，1892～1894年任外交大臣。

② William Cobbett（1763～1835），英国政治活动家和政论家，曾为英国政治制度的民主化而进行斗争。

③ Sir John Gorst（1835～1916），保守党政治家。

④ Frederic William Farrar（1831～1903），作家、语言学家，曾任威斯敏斯特教堂牧师、副主教，1895年任坎特伯雷教长。

“来自英格兰农村的移民在持续增长。兰开夏和其他工业地区60岁以上的人口占35%，而农业地区竟占60%以上[1]。许多农舍破败不堪，难以称之为房屋，许多人身体虚弱，无力承担健康人的工作。若不采取某些措施来改善农业劳动者的处境，人口还将继续外流，将来结局如何，他难以断言。”(1891年8月15日《泰晤士报》)

新闻界、自由党、激进党和保守党都看到了当代的这种严重症状，并发出相同的警告。1892年6月6日《圣詹姆斯报》(*St. James's Gazette*)指出：“如何针对现实的最大危险，妥善地对症下药，无疑是一个非常重大的问题。”

1891年10月9日《明星报》(*The Star*)说：“当前的主要问题之一是如何制止农村人口外流。劳动者也许能够返回故土，但是，怎样才能使乡村工业也返回英格兰农村呢?”

几年以前，《每日新闻》(*The Daily News*)发表了一组文章“我们乡村的生活”，也谈到了同样的问题。

工联主义者领导人提出同样的警告。蒂利特先生①说：“人手闲置，工作不足；土地闲置，劳力不足。”曼先生②说：“大城市的劳力过剩主要是由于有地待种的农村地区人口外流。”

---

[1] 原文如此，看来漏写了小数点。1939年英格兰和威尔士城市地区65岁以上的人占8.77%，大伦敦地区占8.33%，而乡村地区占10.3%。——1946年版编者

① Benjamin Tillett(1860～1943)，工人运动领导人，曾组织1889年伦敦码头工人大罢工，这次罢工促进了英国工人的联合。1917～1924年和1929～1931年为工党的国会议员。

② Tom Mann(1856～1941)，工人运动领导人，曾组织1889年伦敦码头工人大罢工，1894～1897年任独立工人党(Independent Labour Party)书记。

因此，对于问题的迫切性，大家的看法是一致的，而且各自都在探求解决办法。尽管要想在可能提出的对策方面也有共同的评价无疑是异想天开，但是至少大家都认为这是一个头等大事，起点是一致的。这是一个较重要、较有希望的信号，因为，正如我在本书中确信的那样，它使这个当代最迫切的问题比那些迄今仍使当代最伟大的思想家和改革家为之却步的许多其他问题较易求得解决。苍穹笼罩、微风吹拂、阳光送暖、雨露滋润下的我们的美丽土地，体现着上苍对人类的爱。使人民返回土地的解决办法，肯定是一把万能钥匙，因为它能打开入口。由此，即使是入口微开，就能看到在解脱酗酒、过度的劳累、无休止的烦恼和难忍的贫困等问题方面有着光明的前景。而这些问题一直是内阁难以逾越的真正障碍，甚至是人与上苍沟通的真正障碍。

有人会认为，要想解决使人口返回土地的问题的第一步是要认真分析迄今使人口向大城市集聚的千头万绪的原因。如果真是这样，就必须首先进行旷日持久的调查。幸好对作者和读者来说，这里都不需要作这种分析。理由很简单，也许可以这么说：不论过去和现在使人口向城市集中的原因是什么，一切原因都可以归纳为“引力”。显然，如果不给人民，至少是一部分人民，大于现有大城市的“引力”，就没有有效的对策。因而，必须建立“新引力”来克服“旧引力”。可以把每一个城市当作一块磁铁，每一个人当作一枚磁针。与此同时，只有找到一种方法能构成引力大于现有城市的磁铁，才能有效、自然、健康地重新分布人口。

初看起来，这种办法即使不是不可能，也是很难办到的。有人会问："怎样才能使乡村比城市对普通人更有吸引力——使乡村的工资，或者至少是物质享受的标准，高于城市；保证普通男女在乡村能享有与大城市相等的，且不说更多的，社交和前途呢?"在报刊上以及各种形式的讨论中，结论往往非常相似。大家似乎一直认为人民，至少是劳动人民，现在不可能，甚至永远不可能有任何选择或取舍。他们只能要么抑制对人类社会的向往——甚至仅仅是取得比孤独的村落生活稍广一点的交往，要么几乎彻底放弃乡村的无比诱人而纯正的喜悦。问题在于大家似乎都认为：劳动人民现在不可能，而且永远不可能住在农村而从事农业以外的职业；拥挤而有碍健康的城市是经济科学的结论；我们现在这种把工业和农业截然分开的产业形式必然是一成不变的。这种谬误非常普遍，全然不顾存在着各种不同于固有成见的可能性。事实并不像通常所说的那样只有两种选择——城市生活和乡村生活，而有第三种选择。可以把一切最生动活泼的城市生活的优点和美丽，愉快的乡村环境和谐地组合在一起。这种生活的现实性将是一种"磁铁"，它将产生我们大家梦寐以求的效果——人民自发地从拥挤的城市投入大地母亲的仁慈怀抱，这个生命、快乐、财富和力量的源泉。可以把城市和乡村当作两块磁铁，它们各自力争把人民吸引过去，然而还有一个与之抗衡的劲敌，那就是部分吸取二者特色的新的生活方式。可以用"三磁铁"的图解来说明这种情况。在图解中，城市和乡村都各有其主要优点和相应缺点，而城市—乡村则避免了二者的缺点。

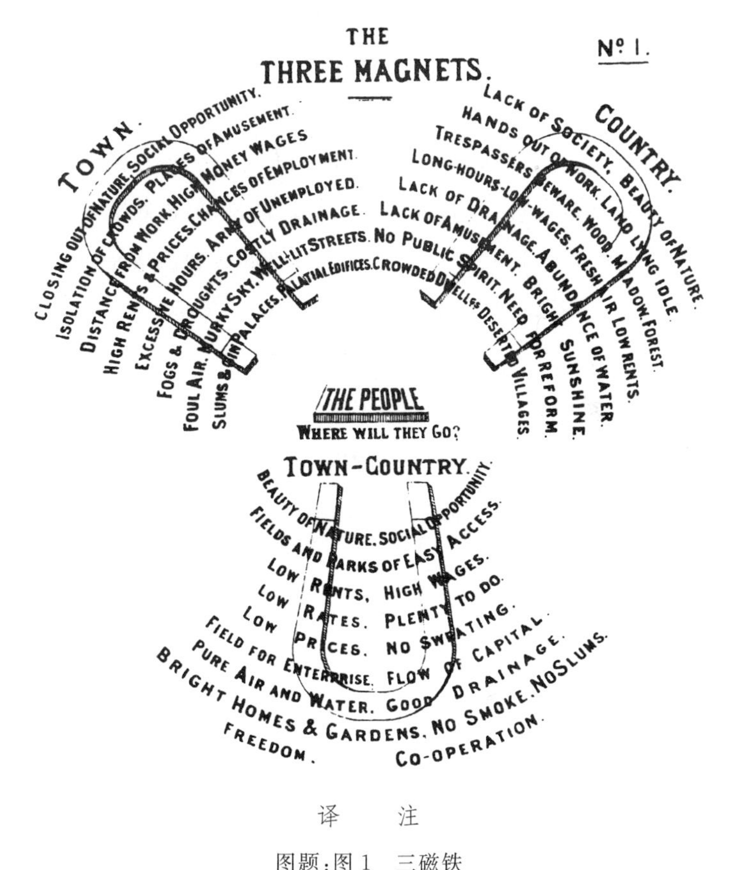

译　　注

图题:图1　三磁铁

中心部分:人民何去何从?

左面的磁铁:城市——远离自然;社会机遇;群众相互隔阂;娱乐场所;远距离上班;高工资;高地租;高物价;就业机会;超时劳动;失业大军;烟雾和缺水;排水昂贵;空气污浊;天空朦胧;街道照明良好;贫民窟与豪华酒店;宏伟大厦。

右面的磁铁:乡村——缺乏社会性;自然美;工作不足;土地闲置;提防非法侵入;树木、草地、森林;工作时间长;工资低;空气清新;地租低;缺乏排水设施;水源充足;缺乏娱乐;阳光明媚;没有集体精神;需要改革;住房拥挤;村庄荒芜。

下面的磁铁:城市—乡村——自然美;社会机遇;接近田野和公园;地租低;工资高;

地方税低；有充裕的工作可做；低物价；无繁重劳动；企业有发展余地；资金周转快；水和空气清新；排水良好；敞亮的住宅和花园；无烟尘；无贫民窟；自由；合作。

城市磁铁与乡村磁铁相比，其优点是工资高、就业机会多、前途诱人，但是这些都被高地租、高物价大大抵消。城市的社交机会和游乐场所是富有魅力的，但是工作时间过长、上班距离过远和相互隔阂将大大降低这些优点的价值。灯光如昼的街道是令人向往的，尤其是在冬季，但是阳光日益昏暗，空气被严重污染，以致漂亮的公共建筑，就像麻雀一样，很快布满煤烟，甚至雕像也毁坏殆尽。壮丽的大厦和凄惨的贫民窟是现代城市相辅相成的怪现象。

乡村磁铁自称是一切美丽与财富的源泉；但是城市磁铁嘲笑地指出，它因缺乏社交而孤陋寡闻，因身无分文而寒酸拮据。乡村有美丽的景色、高雅的园林、馥郁的林木、清新的空气和潺潺的流水；但是到处可见"擅入必究"的牌示，令人瞠目结舌。按面积计算，地租确实很低，但是这种低租金是低工资的自然产物，而不是物质享受的源泉；长时间的劳累和苦闷抑制了和煦的阳光和清新的空气沁人心脾的作用。单纯以农为主，难保风调雨顺，有时苦于涝灾，有时惨遭旱情，甚至饮水也供应不足[1]。乡村的有益身心的自然特色因排水等卫生条件不佳而大为逊色。因而，有些地方

〔1〕 德比郡(Derbyshire)议会卫生医务负责人巴怀斯医生(Dr. Barwise)为回答1873号议题，于1894年4月25日就《切斯特菲尔德(Chesterfield)煤气和水议案》向下议院的一个小型特别委员会作证时说："在布赖明顿公学(Brimington Common School)我见到几个满是皂沫的浴盆，这就是全体学童不得不用的全部洗澡水。他们必须一个挨一个地用同一盆水洗澡。当然，只要有一个孩子患有金钱癣等类病症，就会传染给所有的孩子……。女教师告诉我，她看见玩得满头大汗的孩子跑来喝这些脏水。事实上他们也没有别的水解渴。"

几乎被人们遗弃，其余的地方人们又挤作一团，犹如城市的贫民窟。

但是，城市磁铁和乡村磁铁都不能全面反映大自然的用心和意图。人类社会和自然美景本应兼而有之。两块磁铁必须合而为一。正如男人和女人互通才智一样，城市和乡村亦应如此。城市是人类社会的标志——父母、兄弟、姐妹以及人与人之间广泛交往、互助合作的标志，是彼此同情的标志，是科学、艺术、文化、宗教的标志。乡村是上帝爱世人的标志。我们以及我们的一切都来自乡村。我们的肉体赖之以形成，并以之为归宿。我们靠它吃穿，靠它遮风御寒，我们置身于它的怀抱。它的美是艺术、音乐、诗歌的启示。它的力推动着所有的工业机轮。它是健康、财富、知识的源泉。但是，它那丰富的欢乐与才智还没有展现给人类。这种该诅咒的社会和自然的畸形分隔再也不能继续下去了。城市和乡村**必须成婚**，这种愉快的结合将迸发出新的希望、新的生活、新的文明。本书的目的就在于构成一个城市—乡村磁铁，以表明在这方面是如何迈出第一步的。我希望使读者相信，这在此时此地就是切实可行的，而且不论是站在伦理的立场上还是站在经济的立场上，其原则是合情合理的。

下面我将着手描述“城市—乡村”是如何享有与拥挤的城市相等的，甚至更多的社交机会，而且可使那里的居民身处大自然的美景之中；如何使高工资与低租金、低税收相结合；如何保证所有的人享有丰富的就业机会和光辉的前途；如何能够吸引投资、创造财富；如何能够确保最令人羡慕的卫生条件；如何能在到处都见到美丽的住宅和花园；如何能扩大自由的范围，并使愉快的人民享有一切通力协作的最佳成果。

J. 戈斯特爵士向我们提出一个尖锐的问题:“如何逆转人口向城市迁移的潮流,并使他们返回故土。”建设上述这种磁铁,而且能够有效地继续建设更多的这种磁铁,定将使这个问题得到解决。

下面各章的中心内容就是较深入地描述这种磁铁及其结构模式。

第一章　城市—乡村磁铁

“我决不停止思想斗争，

　　也不让利剑在手中昏睡沉沉，

直到在英格兰愉快的绿野上，

　　我们建立起耶路撒冷。”

——布莱克①

“彻底改善我们房屋的环境卫生和质量；让坚固、美观、构成组团的房屋与溪流、城墙保持良好的比例关系。因而不再有衰退，肮脏的关厢，只有街道清洁、热闹的城区和田野开阔的郊外。美丽的花园和果园环绕着城墙，从城内任何地点出发，步行几分钟就能享受到清新的空气、如茵的绿草和一望无际的原野。这就是最终目标。”

——罗斯金②：《芝麻与百合》(*Sesame and Lilies*)

请读者设想有下列情况：在市场上购得一块 6 000 英亩的纯耕地，每英亩售价 40 镑[1]，共计付款 24 万镑。购地的钱来自发

---

① William Blake(1757～1827)，英国诗人，版画家。

② John Ruskin(1819～1900)，英国政论家、艺术评论家。

〔1〕 这是 1898 年农业用地的平均价格。虽然可能估计不足，但也不会相差太多。

放抵押债券，平均利率不到4%[1]。这块土地在法律上列在4位德高望重的人士的名下，委托他们代管：首先，对于债券持有人来说，他们是保证人；其次，对于拟在该地建设的田园城市（即城市—乡村磁铁）的居民来说，他们是托管人。这个方案的主要特征是，按分年折合的地价计算的地租全部交给托管人。托管人在支付利息和偿债基金以后，要维持新市[2]的中央议会（Central Council）的收支平衡。该议会把这笔钱用于建设和维护道路、学校、公园等各种必要的公共设施。

购买这块土地的用意可能是多方面的，但是，其主要意图是：确保我们的职工能取得较高购买力的工资，享有较有益于健康的环境和较固定的职业。对于有事业心的工厂主、合作社社员、建筑师、工程师、建筑工人、机械工人和各种从业人员来说，这里要为他们的聪明才智提供一种新的、较好的就业保证手段；对于已在这块土地上耕作和可能迁来的农民来说，这里要为他们的产品开辟一个近在家门的市场。总而言之，其意图在于提高所有各阶层忠实劳动者的健康和舒适水平——实现这些意图的手段就是把城市和乡村生活的健康、自然、经济因素组合在一起，并在这个市的土地上体现出来。

田园城市建在6 000英亩土地的中心附近，用地为1 000英亩，占6 000英亩土地的1/6。城市形状可以是圆形的，从中心到

[1] 本书所述的财务安排似乎形式不统一。但这不是原则问题。在没有统一修订以前，我认为还是忠于最初的原文为好。该书导致组建田园城市协会。（1902年版脚注）

[2] 这里的“市”并无建制的涵义。

边缘为 1 240 码(大约 3/4 英里)(图 2 是整个市政范围的用地方案,城市处于中心位置;图 3 是城市的一个分区,这将有助于阐述城市自身的情况——然而,这仅是示意,可能要有很大的变动)。

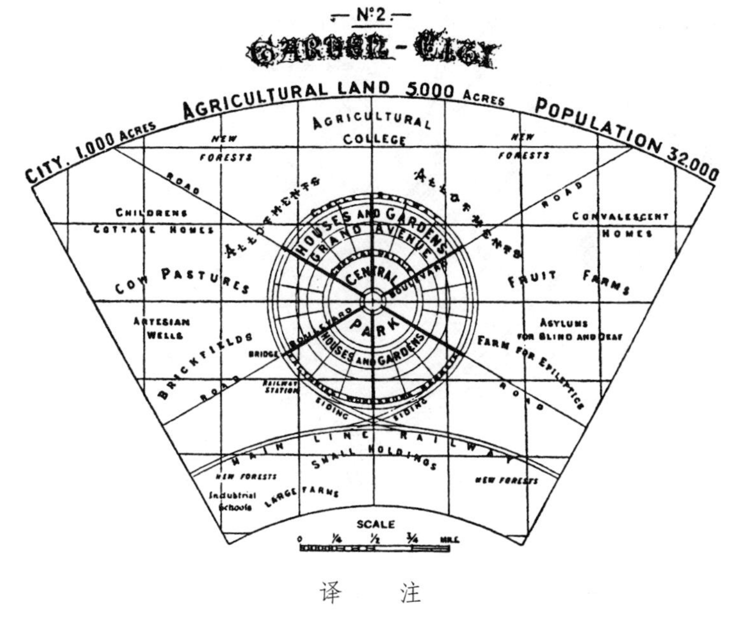

译　　注

图题:图 2　田园城市——城市用地 1 000 英亩,

农业用地 5 000 英亩,人口 32 000 人

在农业用地上有:新森林、果园、农学院、大农场、小出租地、自留地、奶牛场、癫痫病人农场、盲聋人收容所、儿童夏令营、疗养院、工业学校、砖厂、自流井。

六条壮丽的林阴大道(boulevards)——每条宽 120 英尺——从中心通向四周,把城市划成六个相等的分区。中心是一块 5.5 英亩的圆形空间,布置成一个灌溉良好的美丽的花园;花园的四周环绕着用地宽敞的大型公共建筑——市政厅、音乐演讲大厅、剧院、图书馆、展览馆、画廊和医院。

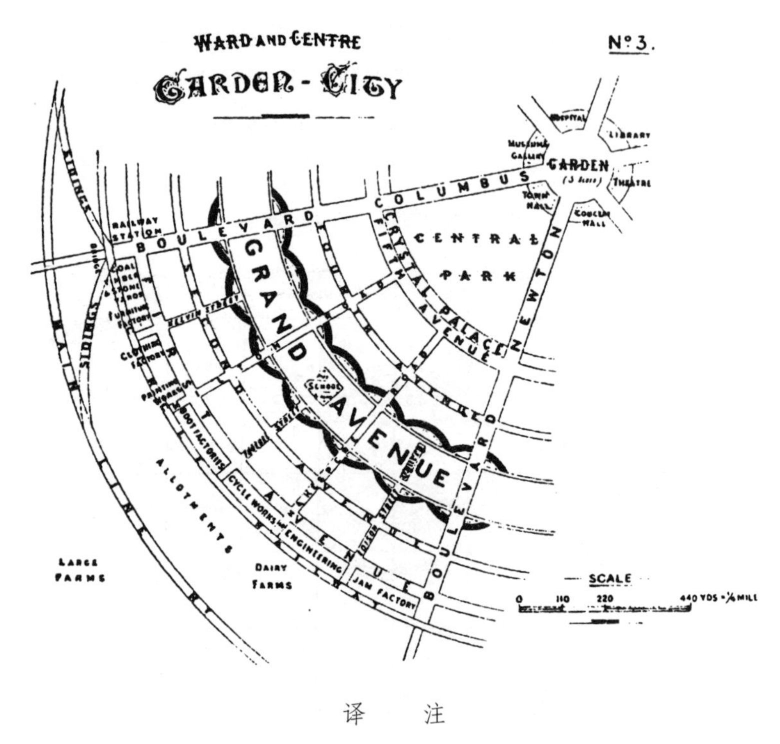

译　　注

图题:图 3　田园城市——分区和中心

城市外围设有火车站、煤场、木材堆场、石料堆场、家具厂、服装厂、印刷厂、制靴厂、自行车厂、机械厂、果酱厂。

其余的广大空间是一个用“水晶宫”(Crystal Palace)包围起来的“中央公园”(Central Park),面积为 145 英亩。它有宽敞的游憩用地,全体居民都能非常方便地享用。

环绕中央公园(不包括被林阴大道穿过的部分)是一个面向公园的宽敞的玻璃连拱廊,叫做“水晶宫”。这是居民在雨天最爱去的地方之一。晶莹透亮的建筑物中的内容近在咫尺,即使在最恶劣的天气也能吸引居民来到中央公园。工厂的产品在这里陈设出售，可供顾客尽情精心挑选。水晶宫的容量比购货活动所需的空间要大得多。它的绝大部分是作为“冬季花园”(Winter Garden)——整个水晶宫构成一个最有魅力的永久性展览会，它的环形布局使它能接近每一个城市居民——最远的居民也在600码以内。

出水晶宫向城外走，我们跨过五号大街(Fifth Avenue)——它和城内的所有道路一样，植有成行的树木——沿着这条大街，面向水晶宫，是一圈非常好的住宅，每所住宅都有宽敞的用地；如果继续前进，我们可以看到大多数住宅或者以同心圆方式面向各条大街(avenues，环路都称为大街)或者面向林阴大道和向城市中心汇聚的道路。陪同我们观光的朋友告诉我们，这座小城市自身有大约3万人，在农业用地上还有大约2 000人。城内有5 500块住宅建筑用地，其平均面积为20英尺×130英尺——最小面积为20英尺×100英尺。我们看到住宅和住宅组群——有些住宅合用花园和厨房——的装饰重点一般都沿着街道线或者适当退后街道线，建筑设计手法千变万化，市政当局对此实行控制，既严格规定必要的卫生标准，又鼓励独具匠心充分反映个人的兴趣和爱好。

再向城外，我们来到“宏伟大街”(Grand Avenue)。这条大街真是名副其实，宽度为420英尺[1]，形成一条长达3英里的带形绿地，把中央公园外围的城市地区划分成两条环带。它实际上构成了一个115英亩的公园——这个公园与最远的居民房相距不到240码。在这条壮丽的大街上有6所公立学校，每所占地4英亩，

[1] 伦敦的波特兰场(Portland Place)只有100英尺宽。

设有游戏场和花园。大街的其他位置可供各种宗教信仰的居民建设各种派别的教堂，其建设费和维护费来自各派信徒和支持者筹集的基金。我们看到，面临宏伟大街的房屋并没有顺着总图确定的同心圆布置（至少图 3 所示的分区是如此），而是按新月形布置，这样既增加了临街线的长度，又能使已经十分壮丽的宏伟大街在视觉上更显得宽阔。

在城市的外环有工厂、仓库、牛奶房、市场、煤场、木材场等等，它们都靠近围绕城市的环形铁路。环形铁路有侧线与通过该城市的铁路干线相连接。这种布局使得各种货物能够直接从仓库、车间装上货车，经由铁路运往远处的市场或者把货物直接从货车卸入仓库或工厂。这不仅大大地节省了包装运输费用，尽可能地减少破损，而且由于减少了城市道路上的交通量，从而明显地减少了道路的维护费。在田园城市中严格控制了烟尘的危害，因为所有机器都由电力驱动，这样又使照明和其他用电的费用大大降低。

城市的垃圾被用于当地的农业用地。这些农业用地分别属于大农场、小农户、自留地、牛奶场等等单位。各类业主自愿地探索能向市政当局提供最高租金的农业经营方式。这些方式之间的自然竞争会带来最好的耕作体制，或者适应各种目的的较为可取的最好体制。不难设想，实践也许会证明粮食适于大面积种植，例如由一位农业资本家统管，或者由一个合作机构统管；而蔬菜、水果、花卉的种植，则要求较细致认真的管理，并具备较高的艺术修养和创造才能，可能最好由个人经营，或者由对某种经营方式、栽培方法或人为环境和自然环境的功效和价值有共同信念的个人组成的小团体来经营。

这种规划，如果读者愿意也可以称为留待规划的空白，可以避免经营上的停滞，而且，通过鼓励个人的创新，容许最完美的合作；而这种竞争方式所带来的增长的租金是属于公共的或市政的财产，其中绝大部分被用于长远的改进。

如果城市发展兴旺，居民就业各得其所，每一个分区又各有一个商店或供应站，就能向从事农业的居民提供很自然的市场。他们无须为城市居民所需的产品支付任何铁路运输费用。当然，并没有限制农民和其他人必须把城市作为他们的唯一市场，他们有权把产品销售给他们愿意的任何人。从这方面，以及这项试验的其他方面都可以看出，这里并不是约束权力的地方，而是可供更大选择范围的地方。

这种自由的原则适用于定居在该城市中的工厂主或其他人。他们按自己的方式管理他们的事务，当然，要服从有关土地的一般法律，并遵守给工人足够空间和合理卫生条件的规定。甚至像供水、照明和电话通讯等事业——如果市政当局有效而可靠，它必然是从事这些事业的最合适的机构——也不打算采取刻板的或绝对垄断的方式；因而，如果任何私营公司或独立机构证明它们有能力以较有利的条件向全城或向城市的一部分提供上述服务，或者提供由该公司供应的任何其他商品，都是允许的。真正正确的行动体系更需要的不是人为的支撑，而是正确的思想体系。市政当局的行动范围和社团的行动范围看来必然要大大扩展，但是，如果真是这样，那是由于人民对这种行动给予信任，而这种信任可以在范围广泛的自由中得到充分的体现。

在城市的四周，分布有各种慈善机构。这些机构都不归市政当局管理，而是由各种热心公益的人来维持和管理。他们应市政当局的邀请，在有益健康的旷野，以象征性的租金租得土地，建立这些机构。这使当局想到，他们可以比这些机构付出更多的精力，大大地为全社会造福。而且，当人们迁入这个城市，跻身于这些精力旺盛而富有成效的成员之中，他们的无所依靠的兄弟完全有权享受这项充分体现人道主义的试验所带来的好处。

注：1898年版的这一章的开头有下列引语。——1946年版编者

"令人永远怀恋、向往的景象莫过于愉快的劳动，风调雨顺的田野，明媚的花园，丰收的果园，整洁、甜蜜、宾客盈门的家园和生机盎然的嬉笑之声。甜蜜的气氛不是沉静，而是轻声回荡——宛转的鸟啼，嘁嘁的虫鸣，成人的低声细语，顽童的尖声叫闹。当你熟悉了生活的艺术，终将领悟一切可爱的事物都是必不可少的——路旁的野花和精耕细作的谷物，林中的飞禽走兽和精心喂养的家畜。因为人类不仅要靠面包生活，而且要靠荒漠中的吗哪[①]，要靠各种动人的语言和上帝的神奇作用。"

——罗斯金：《以此告终》(*Unto This Last*，1862)

① 据《圣经·出埃及记》记载，摩西率领犹太人出埃及时，在旷野断粮，得天降食物，白色，形如芫荽菜子，味如掺蜜薄饼。犹太人不识，彼此问"吗哪？"(这是什么？)因而得名。

第二章　田园城市的收入及其来源——农业用地

“我的任务是提出一种社区的理论大纲，这种社区能按自己的意愿自由行事，接受科学知识的指导，具有或即将具有完善的卫生设施，有最低的死亡率和最高的寿命。”

——理查逊：《健康的城市》(Dr. B. W. Richardson, *Hygeia*, 1876)

“一旦有双重功能的排水系统在各地建成，取走的肥力又归还给土地，再配上一套新的社会经济体制，地里的产物就会增长十倍，穷困问题将大大缓和。加上又消灭了寄生物感染，问题将会得到解决。”

——雨果：《悲惨世界》(1862)[1]

田园城市和其他市政当局之间的最本质区别之一是取得收入的方法。它的全部收入来自地租；这样做的用意之一是要表明，如果把理应由当地各种承租人支付的地租缴入田园城市的金库，那

---

〔1〕 在1898年初版中有上列引语和其他若干引语，但在以后的各版中都被删除。——1946年版编者

就足以支付下列资金：(a)支付购地资金的利息，(b)提供偿还本金的偿债基金，(c)建设并维护那些通常由市政府或其他地方当局用强制征收的地方税来建设和维护的各项工程，(d)(在还清债务以后)提供大量公积金，用于老年抚恤金或事故保险和疾病保险等其他方面。

城乡之间的最显著差别可能莫过于使用土地所支付的租金。例如，当伦敦某些地段每英亩的租金达3万镑时，农业用地的最高租金仅为每英亩4镑[1]。当然，这种租金之间的巨大差别几乎完全是由于一处有大量人口，另一处没有大量人口；由于这不能归功于某一个人的行动，它通常被称为“自然增值”(unearned increment)，即不应归于地产主的增值，较准确的名称应该是“集体所得的增值”。

因此，大量人口的存在赋予土地大量额外的价值。显然向任何特定地区大规模迁移人口，肯定会导致所定居的土地相应地增值。而且显然，在有某种预见和事先安排的情况下，这种增值会成为这些移民的财富。

在过去，这种预见和事先安排从来没有有效地发挥过作用，而在田园城市中却会产生明显的效果。我们已经看到，田园城市属于托管人，他们受全社区的委托(在偿还债务以后)掌管这些土地，因而逐渐上涨的全部增值就成为这座城市的财富。所以，尽管租金可能上涨，甚至上涨很多，它也不会成为私人的财富，而将用于免除地方税。我们将看到，就是这种安排会使田园城市增加它的

[1] 这些和其他一些数字都是1898年初版中原有的。自那以后，英国的币值已有很大变化。——1946年版编者

磁力。

我们按每英亩土地买价为40镑来折算田园城市的用地，共计为24万镑。可以假定这个买价相当于30年的租金，以此为依据，以前的承租人每年支付的租金为8 000镑。因此，如果在买地时当地有1 000人，则每一个男女和儿童每年平均要为此承担8镑租金。但是，当田园城市建成时，包括农业用地在内的人口为32 000人，他们每年以利息的方式支付的地产费为9 600镑。因而，在试验开始前，1 000人从他们的集体收入中每年支付8 000镑，即每人8镑；在城市建成时，32 000人从他们的集体收入中每年将支付9 600镑，即平均每人6先令[①]。

严格说来，这笔每人每年6先令的费用就是全部租金，这是田园城市的居民永远要支付的；由于这是他们对外支付的全部租金，因而，他们支付的其他费用都是对当地的地方税的一种贡献。

现在我们假设，每一个人，除了每年支付6先令外，平均每年还要支付1镑14先令，即总共支出2镑。这时，请注意两件事：第一，每人要承担的地租和地方税仅占买地以前每人支付的地租这一项支出的1/4；第二，管理委员会在支付了债务的利息以后，每年的收入为54 400镑，在提取4 400镑偿债基金以后，其余额将用于通常由地方税承担的各种投资、费用和支出。

在英格兰和威尔士，每一个男女和儿童每年支付用于地方目的的年金大约为2镑，支付地租的金额大约为2镑10先令，因此，

① 按英国的旧币制，1镑为20先令，1先令为12便士。

每年平均用于地租和地方税的金额大约为 4 镑 10 先令。可以有把握地假定，田园城市的每个居民都会乐意地支付 2 镑来缴清地租和地方税。但是，为了使情况更明确、更可靠，我们将用另外的方法来测试一下田园城市的承租人是否如假设的那样愿意每年支付这样一笔 2 镑的地租和税金。

为此，让我们先看一下农业用地，而把城市用地分开处理。显然，可以得到的地租会比城市建成以前的地租高很多。现在，每一个农民在家门口就有一个市场。有 3 万城市居民要他们来供应。当然，这些人完全可以自由地从世界任何地方取得食物，而且，有许多产品无疑将继续由海外供应。这些农民似乎难以供应他们茶叶、咖啡、调味品、热带水果或白糖〔1〕，他们和美国、俄国在向城市供应小麦或面粉方面的竞争可能和过去一样激烈。但是，这个竞争肯定不会毫无希望。希望的曙光将照亮本地小麦生产者失望的心，因为美国人必须支付运往口岸的铁路费用、横渡大西洋的费用和运给消费者的铁路费用，而田园城市的农民在门口就有一个市场，他所缴纳的地租有助于建成这种市场〔2〕。

再者，想一想蔬菜和水果。现在的农民，除了靠近城市的以外，往往不再种这些。为什么？主要是因为销售困难而不稳定，以及运费和佣金高昂。用下院议员法夸尔森博士(Dr. Farquharson)的话来说，当他们“试图出售这些东西时，他们发现他们自己无望

〔1〕 温室和廉价的电力照明甚至有可能生产这些东西。

〔2〕 参见克鲁泡特金的《田野、工厂和作坊》(Prince Kropotkin, *Fields Factories and Workshops*, London, 1898)和佩塔瓦尔的《即将来到的革命》(Capt. J. W. Petaval, *The Coming Revolution*)。

地挣扎在由垄断集团、中间人和投机商织成的天罗地网之中,他们几乎想不再做这种绝望的尝试,而去经营那种在公开市场上价格公道的东西。"对牛奶作一次精细的计算可能有助于理解。假定城市居民每人每天仅仅消费1/3品脱牛奶,这样3万人每天就消费1 250加仑。假设每加仑的铁路运费为1便士,这样仅牛奶一项每年就可能节省铁路运费1 900镑以上。为了实现普遍的节约,把生产者和消费者置于如此密切的关系之中必然会使节省的费用增加许多倍。换句话说,把城市和乡村组合起来不仅有益健康,而且经济——每前进一步,这一点就显得更清楚。

但是,田园城市的农业承租人愿意增加地租还有另一个理由。城市垃圾无须支付昂贵的铁路运费或其他支出,可以很快地返回土地从而增加它的肥力。污水处理本来是一个难题,然而,它的固有困难往往由于现实的人为不利条件又大大增加。因此贝克爵士[①]和宾尼爵士(Sir Alexander Binnie)联合提交给伦敦郡议会的报告说:"在着手考虑整个都市排水系统的复杂问题和泰晤士河状态时,作为一个实际问题……我们立刻明确意识到如下事实,主排水系统的总面貌已经不可改变,同样必须承认,我们不得不接受各条主干管,不论是否合乎我们的意图。"但是在田园城市中,只要有熟练的工程师,他所遇到的困难就要小得多。他可以在一个良好的现状条件下编制他的方案,整个用地一概都是市的财产,他面对的是一个自由处理的课题,而且,无疑会在大幅度提高农业产量上

① Sir Benjamin Baker(1840~1907),英国著名土木工程师,曾负责伦敦地下铁道的建设,1895年任土木工程师协会主席,1896年任皇家学会副主席。

取得成功。

大量增加自留地(allotment)的块数,尤其是如图 2 所示的那些位置良好的自留地,也会使缴纳地租的总金额增加。

还有其他一些原因可以说明为什么田园城市土地上的农民愿意为他的农场,或者一个工人愿意为他的自留地,支付更多的租金。田园城市的农业用地会增产的原因,除了有一个设计良好的污水处理系统以及一个新的相当大的市场以外,还因为持有土地所依据的租地法鼓励精耕细作。那是一个公正的租地法。田园城市的农业用地按公平的租金出租,只要原承租人愿意支付比任何希望租用这块土地的人所出的租金少大约 10%的租金,他就有权继续租用这块土地——此外,新承租人必须向原承租人支付一切尚未用尽的改进措施的补偿费。在这种制度下,虽然原承租人不可能确保他自己能获得土地自然增值的任何尚未实现的份额(这部分增值要在城市福利条件普遍改善的情况下才能实现),但是,他和所有已经租得土地的承租人一样,仍然比任何新承租人享有取得这些份额的优先权。而且,他也知道他并没有丧失其原有事业的那些成果,虽然这些成果尚未收获,但它们的价值已转嫁到土地上。当然毋庸置疑,这种租地法本身就能立即大大增加承租人的积极性和勤奋、土地的生产率以及承租人自愿支付的租金。

如果我们考虑一下田园城市承租人所付地租的实质,就会知道这种租金的增加会愈来愈明显。他所支付的部分租金是用于支付购地筹款所借债务的利息,或者用于偿还这笔债务,直到当地居民承担的这笔债务被社区集体还清为止;但是,他所支付的其余租金都是用于当地消费的,农民与管理这笔资金的人享有同等的一份。因此,田园城市的“地租”有一个新的涵义。为了使词义明确,使今后用词不致模棱两可,表示债务利息的那部分地租今后将称为“地主地租”(land-lord's rent);表示偿还购地债务的部分称为“偿债基金”(sinking fund);用于公共事务的部分称为“地方税”(rates);而其总额则称为“税租”(rate-rent)。

基于上述考虑,显然,农民愿意付给田园城市财政的“税租”肯定会大大高于他们愿意付给地产主个人的“地租”。地产主不仅在农民把土地拾掇得更值钱以后要加租,而且还要把他所承担的地方税务全部转嫁给农民。总之我所提出的方案包括一个污水处理系统,它使污水经过转换返回土地,许多产品是吸取这些天然肥料长出来的,而在别的地方就需要施用昂贵的肥料,以致农民有时不愿使用;方案还包括一个税租系统,依靠这个系统,许多农民的辛勤所得从此不必再交给他的地产主,而将返回他那枯竭的财囊;虽然不是以它们原来的形式,却是以各种有用的形式,如道路、学校、市场等,间接但很实际地有助于他们的事业;然而在目前的条件下,这些东西对他是一个沉重的负担,以致使他不会很快认识到它们固有的必要性,甚至会对其中某些东西投以怀疑和厌恶的目光。谁能怀疑,一旦农场和农民能置于如此健康而自然的物质条件和道德条件之中,欢乐的土地和满怀希望的农民就会对他们的新环境作出反应呢?——土地因每一片收获的草叶而日益肥沃,农民因支付每一个便士的税租而日益富裕。

我们现在可以看到,农民、小佃户和自留地持有者乐意支付的税租大大高于他过去支付的地租:(1)因为有一个新城的人口在要求新的、更好的农产品,使这些农产品可以大大节省铁路运费;

(2)正因如此,可以使土壤的各种天然元素返回土壤;(3)持有土地的条件是公平、合理和合乎自然的;(4)由于现在支付的租金是税和租,而过去支付的是承租人缴纳地方税以外的地租。

虽然可以肯定,"税租"会比土地承租人过去支付的纯地租大大增加,但"税租"究竟能有多少,仍然是一个非常重要的问题;因此,即使我们对可能缴纳的"税租"大大估计不足,也要谨慎从事。如果把各种情况考虑在内,我们估计田园城市的农业人口准备支付比过去缴纳的纯地租多50%的税和租,那么就会产生下列结果:

估算的农业用地总收入

5 000英亩土地的承租人原来要缴纳的地租大约为	6 500镑
加上50%的地方税和偿债基金	3 250镑
农业用地的总"税租"	9 750镑

我们将在下一章根据非常合理的计算来估算可能从城市用地取得的金额,然后着手考虑总税租是否能满足城市的市政需要。

第三章　田园城市的收入——城市用地

“无论如何要对伦敦贫民的住宅进行改造。伦敦到处都缺乏足够的新鲜空气和自由活动的空间来满足居民从事有益健康的游憩，情况一直如此。伦敦的过分拥挤还需作进一步的治理。……从长远来说，把大批伦敦居民迁往农村是经济合理的。这对迁出的人和留下的人都有好处。……15 万以上的服装制造业工人绝大多数收入极低，而且违反一切经济常规，在地租很高的地方工作。”

——马歇尔教授[①]：“伦敦贫民的住房”，《当代评论》(Professor Marshall，“The Housing of the London Poor”，*Contemporary Review*，1884)

上一章，我们估算了田园城市农业部分的预计总收入为 9 750 镑。现在我们将转向城市用地(显然，从一块农田转变为一座城

---

① Alfred Marshall(1842～1924)，英国经济学家，剑桥大学教授，主要著作有《经济学原理》(*Principle of Economics*，1890)、《工业和贸易》(*Industry and Trade*，1919)等。

市，将使地价飞涨），并尽力按正常情况估算一下城市用地的承租人将自由支付的“税租”数量。

要记住，城市用地正好是1 000英亩。假定购地共支出4万镑，年利息按4%计算为每年1 600镑。因此，要求城市居民支付的全部“地主地租”仅仅是这1 600镑。他们要缴纳的任何其他“税租”或是作为“偿债基金”来支付购地用款，或是作为“地方税”来建设和维修道路、学校、供水系统和其他市政设施。所以，看一看分到每一个人头上的“地主地租”究竟是一笔什么样的负担，以及社区将从这笔缴纳中获得什么，将是十分有趣的。如果把这笔1 600镑的年利或“地主地租”除以30 000（假设的城市人口），其结果相当于每一个男女和儿童每年支付的金额还不到每人1先令1便士。这就是长期征收的全部“地主地租”，任何其余征收的“税租”都用于偿债基金或地方事务。

现在让我们注意一下，这个有幸建立的社区靠这笔微不足道的金额得到些什么。用这笔每人每年1先令1便士的钱首先是得到了宽敞的住宅用地。我们已经说过，平均每块宅地为20英尺乘130英尺，住5.5人。其次是得到了宽敞的道路用地，有些道路确实壮观，宽阔得足以使阳光和空气通行无阻，其中的树木、花草使城市具有类似乡村的景色。再者还得到宽敞的建设市政厅、公共图书馆、展览馆和画廊、剧院、音乐厅、医院、学校、教堂、游泳池、公共市场等的用地。此外，确保有一个145英亩的中央公园和一条420英尺宽、环形延伸3英里多长的宏伟大街。这条大街除了与宽阔的林阴大道交会外，绵延不断，沿途设置学校和教堂。人们肯定会认为它无比优美，因为其用地只花了很少一点钱。而且，还确保有一条4.5英里长的环形铁路的全部用地，82英亩的仓库、工厂、市场用地，以及一块建设水晶宫的好地。水晶宫既供购物又是冬季花园。

因此，在各种建设用地的租约中没有那种要求承租人支付各种与这块地产有关的地方税、国家税和其他税收的常见条款，与此相反，却有要求地产主把收到的总金额用于如下用途的条款：第一，支付债款的利息；第二，逐步还清债款；第三，把全部金额纳入用于公共用途的公共基金，这也就是该城市公共当局，不同于一般市政当局，所征收的地方税。

现在我们来估计一下从我们的城市用地中预计能得到的税租。

首先，看一看住宅用地。每一块宅地的位置都是很好的，但是，那些面对"宏伟大街"(420英尺宽)和各条壮丽的林阴大道(120英尺宽)的宅地可能租金最高。我们在此只能谈平均数，不过我们认为任何人都会承认，每一英尺宽的临街住宅用地的平均税租为6先令是非常公道的。**这样，平均每一块临街20英尺宽的建筑用地的税租是每年6镑，以此为基础，5 500块建筑用地将获得总收入33 000镑。**

取自工厂、仓库、市场等等的税租可能不宜按临街的尺寸来估算，但是，我们大概可以有把握地假定，平均每一个雇主会愿意为每一个雇员支付2镑。当然，并不是说这种征收的税租应该是人头税；我们已经说过，这笔税租会因承租人之间的竞争而增加。但是，这种估算缴纳税租的方法可能会提供一种现成的手段，使工厂主或雇主、合作社或者个体劳动者对照他们所处的地位，由他们自己来判断他们是否应该减缴税金和租金。我们必须牢记，我们谈的是平均数；因而如果这个数字看上去对一个大雇主是高了，那么对一个小店主来说，是低得可笑的。

现在，在一个3万人口的城市中，大约有2万人的年龄在16～65岁之间；如果假定其中有10 625人在工厂、商店、仓库、市场等处就业，或者不论以何种方式使用一块向城市租用的土地（不包括住宅用地），从这一来源就将收入21 250镑。

因此，全部用地的总收入是：

农业用地的税租收入（见第26页）	9 750镑
5 500块住宅用地的税租收入（每块6镑）	33 000镑
营业用地的税租收入（雇用10 625人，每人2镑）	21 250镑
	64 000镑

也就是按总人口计算，每人的地方税和地租为2镑。

这笔钱将用于下列支出：

用于地主地租或购地贷款的利息（24万镑的4%）	9 600镑
用于偿债基金（30年）	4 400镑
用于在别处由地方税支出的那些项目	50 000镑
	64 000镑

重要的问题在于5万镑是否足以满足田园城市的市政需要。

第四章　田园城市收入的支出概况

在着手回答上一章结尾提出的问题——尽力弄清楚田园城市预计可以获得的净收入(每年5万镑)是否足以满足市政需要——以前,我要先简要地说一下打算如何筹集开业所需的费用。这笔费用将以"B"项债务借入〔1〕,以"税租"金额为保证。当然,还要看为筹集购地款项而借的"A"项债务的利息和偿债基金的支付条件如何。尽管,也许这是多余的话,通常的土地交易在取得土地的所有权以前,或者在开始经营以前,可能必须筹集全部,或者至少很大部分购地用款;然而,如果是在用地上进行市政工程建设,情况就大不相同了,既无必要也不应该在筹集到最终所需的全部金额以前暂不开工。大概从来也没有一个城市会遇到这么艰难的建设条件,一开始就要筹集一笔巨款来支付全部公共工程的费用;尽管建设田园城市所面临的情况可能是前所未有的,但是,我们逐渐会看到,不仅不需要对城市开发资金作出有别于其他城市的安排,而且我们会愈来愈清楚地看到有很特殊的原因使得这项事业完全没有必要,也不应该,承担更多的资金;当然,要有足以顺利开展各种实际经济活动的资金。

---

〔1〕 见12页〔1〕。

也许在这方面最好说明一下建设一座城市和,比如说,建设一座跨越河口的大铁桥在所需资金数额上的差别。在建桥时,动工以前最好筹集到全部所需资金。显然因为,在最后一颗铆钉铆定以前,桥还不成之为桥;而且在完全竣工并与铁路或公路相通以前,它还没有营利的能力。因此,除非假定它已完全竣工,否则花在上面的资金是很难有保证的。从而,那些被约请投资的人会很自然地说:“除非你使我们相信你能筹集到足够的资金来使它建成,否则我们是不会对这项事业投资的。”但是,打算用于建设田园城市的钱很快就有收入。这笔钱将用于修建道路、学校等设施。这些工程将按租给承租人的地块数量相应修建,而承租人在一定日期内会进行建设;因此,这笔花掉的钱很快就会以税租的形式开始回收,而实际上税租是大大提高了的地租。那些以“B”债券贷给资金的人实际上有第一流的保证,能轻易地获得进一步的收入,因而可降低利率。而且,这项建设计划的重要之处还在于,每一个分区(即城市的 1/6[1])从某种意义上说应自成一个完整的城市。所以,在早期阶段,学校建筑不仅用于教学,而且用于宗教礼拜、音乐演奏、图书阅览和各种会议。因此,在这项事业的其他阶段进行之前,可以暂缓支出各种昂贵的市政建筑和其他建筑的费用。再者,在其他各分区动工以前,一个分区实际上可以单独竣工,其他各分区可以在适当的时间按适当的顺序施工。因此,那些尚未施工的城市用地也可成为一个收入的来源,作为自留地、奶牛场,甚至可能作为砖厂。

---

〔1〕 见第 14 页图 3。

现在让我们谈一谈和我们密切相关的问题。建设田园城市所依据的各项原则对于市政支出的效果起什么作用？换句话说，一定量的收入能否比在通常情况下发挥更大的作用？对这些问题的回答是肯定的。我们将看到，每一镑钱将用得比其他地方更有效，有许多巨大而明显的经济效果不能用很精确的数字来表达，但是，集中起来肯定是一笔很大的数字。

值得注意的第一大经济效果是，在通常情况下所谓的"地主地租"往往占市政支出的很大部分，而在田园城市中则几乎没有这笔支出。例如，所有组织良好的城市都要有行政建筑、学校、游泳池、图书馆、公园；这些设施和其他集体事业的用地通常是购置的。这时，购地所需的钱往往是以地方税为保证借贷的；因此城市征收的地方税的很大部分，通常不是用于有成效的工程建设，而是以购地贷款利息的形式用于我们所说的"地主地租"，或者用于偿债基金来支付购置土地的费用，也就是资本化的地主地租。

而在田园城市中，除了像穿过农田的道路用地等之外，所有这类费用都已经支付完毕。因此，250 英亩的公园用地、各座学校的用地和其他公共建筑的用地都不需要纳税人支付任何费用；或者说得更准确些，正如我们已经看到的那样，支付地主地租的每英亩 40 镑，即每人每年分担 1 先令 1 便士的费用已经付清。因此，城市收入的 5 万镑是扣除全部用地利息和偿债基金以后的净收入。所以，在考虑 5 万镑收入是否够用时必须记住，根本不存在要从其中首先扣除市政建设用地费用的问题。

把田园城市和任何旧城市（如伦敦）相比，就会发现另一个起作用的大经济效果。伦敦希望表现出较完美的城市精神，因而打算建设学校,清除贫民窟,修建图书馆、游泳池等设施。在这种情况下,不仅要购置用地的产权,而且通常还必须购置原先在用地上建设的房屋。当然,购置这些房屋仅仅是为了拆除和清理场地,而且常常还必须满足防止业务干扰(business-disturbance)的要求;为确认这些要求,还要支付昂贵的法律费用。因此,值得注意的是,自伦敦学校委员会(London School Board)成立以来,它所购置的学校用地的总费用(即包括旧建筑、防业务干扰措施和法律支出等等在内的费用)已经达到 3 516 072 镑的惊人数字[1],因而该委员会用于建设的用地(370 英亩)的净费用平均达到每英亩 9 500镑[2]。

按这样计算,田园城市 24 英亩的学校用地[3]就要 228 000 镑,因而要购置一座典型城市所需的其他用地就超出了田园城市仅仅扣除学校用地支出以后所剩余的支付能力。有人可能会说:"啊!不过田园城市的学校用地太大,和伦敦的情况是两回事;而且,把田园城市这样一座小城市与一个强大帝国的富裕的首都相比是完全不妥的。"我的答复是:"的确,按伦敦的地价计算,要购置其他用地,如果不说会贵得令人却步,也是贵得惊人的——大约需

---

[1] 见 1897 年 5 月 6 日伦敦学校委员会报告,第 1 480 页。

[2] "十分遗憾的是,原先关于只要有可能就给全国每一所公立小学附加半英亩左右用地的建议从来没有执行过。校园可使年轻人熟悉园艺,从而使他们今后的生活愉快和受益。生理学和食物的相对价值与许多要学生花多年时间的学科相比是更为有用的教学内容,而校园则是最有价值的直观教学场所。"——1890 年 11 月《回声》(*The Echo*)

[3] 自霍华德的著作发表以来,学校用地的标准已大大提高。3 万人口所需要的小学用地为 51 英亩(《住房手册》(*Housing Manual*,1944)),各类学校所需的总用地约为 140 英亩。——1946 年版编者

要 4 000 万镑——但是，难道这件事本身不能说明在一个极重要的方面，在制度上存在着极严重的缺陷吗？孩子们是否能在地价每英亩 9 500 镑的地方比 40 镑的地方受到更好的教育呢？就其他活动来说，在伦敦究竟有什么实际经济价值？我们将在以后评说；就学校来说，难道其优点就在于校址往往被肮脏的工厂或拥挤的大院和小巷所包围吗？如果说隆巴德大街(Lombard Street)对银行来说是一个理想的地方，难道像田园城市中央大街那样的地方对学校来说不是一个理想的地方吗？——难道这不是为我们的孩子们造福？而孩子们是任何组织良好的社会首先考虑的问题。"有人可能会说："但是，孩子们必须在住宅附近就学，而住宅又必须在其父母工作地点的附近。"确实如此，但是即使这确是最好的布局方式，难道这样说来田园城市的校址就不如伦敦了吗？孩子们花在上学途中的精力必须比通常要少，这是所有教育家都承认的大事，尤其是在冬季。但是，难道我们不知道马歇尔教授的话(见第三章开头的引语)："在伦敦有 15 万人从事服装制造业，他们违反一切经济常规，在地租很高的地方工作。"——换句话说，这 15 万人根本不应该住在伦敦。而且难道我们不应该考虑这些工人的孩子们同时也处于低劣而十分昂贵的条件下，从而加重这位教授的话的分量？如果这些工人不应该住在伦敦，那么他们的肮脏而租金昂贵的住宅就不应该在伦敦；那些供应他们商品的店主们也不应该在伦敦；从而那些靠这些服装制造工人谋生的人都不应该在伦敦。因此，我十分现实地认为，完全可以把田园城市学校用地的费用与伦敦学校用地的费用相比较；因为很明显，如果这些人，正如马歇尔教授所说的那样，迁离伦敦，这样一来(如果他们像我所说的那样预先做好准备）他们不仅大大节省了他们的作坊的地租，而且大量节省了住宅，学校和其他用地的支出。现在的支出和新条件下的支出显然有很大差别，扣除遭受的损失（如果有的话），加上获得的各种收益，就是这种搬迁的结果。

为了使问题更清楚，让我们用另一种方法来进行比较。把伦敦的人口全部计算在内（达 600 万人），每一个伦敦人已经为伦敦学校委员会掌管的校址支付了 11 先令 6 便士资金，当然，这还不包括民办学校的校址。田园城市的 3 万人，每人都节省了 11 先令 6 便士，总共节省 17 250 镑。按 3％利率计算，也就是长此以往每年节省 517 镑。除了作为校址费用的利息每年可节省 517 镑以外，田园城市保证其校址比伦敦学校的校址有无比的优越性——它足以接纳田园城市的所有孩子，而不像伦敦学校委员会那样只能接纳全市孩子的半数（伦敦学校委员会所辖校址为 370 英亩，大约每 16 000 人 1 英亩，而田园城市的人有 24 英亩，每 1 250 人 1 英亩）。换句话说，田园城市确保的用地面积大、地点好，从各方面说都有利于教学，其校址的费用仅相当于伦敦的一个零头，而伦敦所确保的校址在各方面都差得多。

我们会看到，我们所谈到的经济效果是由于我们已经说过的两件简单的有利条件所起的作用。第一，由于土地是在人口迁入赋予它新的价值以前购置的，因而迁入者所获得的用地价格极为低廉，而且确保将来的增值为他们自己以及后来的人所有；第二，由于迁往新址，他们无须为旧建筑、为补偿损失以及为高昂的法律费用支付巨额资金。从马歇尔教授在《当代评论》（*Contemporary*

Review)上的文章看[1]，当时他似乎已经看到确保伦敦的穷工人获得第一件有利条件的可行性。教授说："最终，一切要靠搬迁来解决，但是主要的好处将落在土地所有者和通往那里的铁路部门的手中"(重点号是本书作者加的)。现在，让我们采用这里倡导的办法，通过一个专门设计的、有利于目前处于社会下层的阶级的计划，来保证获得大部分好处的土地所有者就是这些人自己，使他们成为自治城市的成员，然后再给予他们一种强有力的鼓励来促进变化。所需的仅仅是目前受到抑制的集体力量。至于铁路部门取得的好处，毫无疑问，建成一座城市会给经过那里的铁路干线带来特殊的好处，但是，城市人民的受益绝不会低于通常花在铁路上的运费(见第二章和第五章第 47 页)。

现在让我们来讨论一下无法直接计算的经济因素。这一因素是由于该城市无疑是经过规划的，因而市政管理方面的各种问题都会包括在一个富有远见的规划方案之中。从各方面看，最终形成的规划方案都不应该，通常也不可能出自一人之手。无疑这项工作是许多人的智慧结晶——从事工程、建筑、测量、风景园艺和电气等行业人员的智慧结晶。但是正如我们说过的那样，重要的是设计和意图应该是统一的——那就是城市应该作为一个整体来规划，不能像英国别的城市以及其他国家某些城市那样无秩序地发展。一座城市就像一棵花、一株树或一个动物，它应该在成长的每一阶段保持统一、和谐、完整。而且发展的结果绝不应该损害统

---

〔1〕 没有人比马歇尔教授更意识到这种可能性(见《经济学原理》第二版，第五篇，第 10 和 13 章)。

一，而要使之更完美；绝不应该损害和谐，而要使之更协调；早期结构上的完整性应该融会在以后建设的更完整的结构之中[1]。

田园城市不仅是经过规划的，而且是以现代最新要求的观点来规划的[2]，因而它往往比较容易，而且更经济、更能充分满足需要地去采用新材料、制造新设备，不必去拼凑或改造旧设备。这个经济因素最好用一个特征突出的实例来加以研究、说明。

在伦敦的霍尔本街和斯特兰德街①之间建设一条新街道的问题已经酝酿了多年，最后终于制定了一个方案，在伦敦人的头上强加上一大笔开支。1898 年 7 月 6 日的《每日纪事报》上说："伦敦街道布局的每一次这样的变动，都要搬迁成千上万的穷人。长期以来，所有的官方或半官方方案都尽量责令他们搬迁，情况就是如此。但是当政府被迫听取批评和支付账单时，就遇到困境。这一

〔1〕 通常认为美国的城市是经过规划的。这只是在某种十分有限的意义上说是对的。美国城市确实没有盘根错节的街道，道路走向似乎都是由横冲直撞的奶牛划定的：在美国城市（不包括少数最古老的城市）住几天，通常就不致迷路；但是无论如何也谈不上有什么真正的设计，即使是最粗糙的设计。有些街道是有设计的，但是随着城市的扩大，这些街道只是重复延伸，显得单调乏味。就街道设计来说，华盛顿是一个给人壮丽印象的例外；但是即使是这个城市，也没有保证使人便于接近自然，公园不是它的主要内容，学校和其他建筑也没有科学的布置。

〔2〕 "伦敦毫无秩序地增长着，没有任何统一的设计，而是靠有幸拥有土地的人在进行建设时所作的偶然判断。有时一个大地产主布置一个吸引上层居民的地段，那里有广场、花园或以门廊、屏障隔绝过境交通的幽静街道；但是即使如此，也没有考虑伦敦是一个整体，更没有设置主干道。更多的情况是有许多小的土地所有者，建设者的唯一设计就是在土地上尽可能塞进更多的街巷和住宅，根本不顾周围的情况，既无绿地，也不考虑接近郊野。仔细判读伦敦地图就会发现，在其发展过程中如何绝无任何类型的规划，全体居民是如何缺乏便利条件和必要设施，或者在庄严美观方面是如何缺乏考虑。"——Right Hon. G. J. Shaw-Lefevre, *New Review*, 1891, p. 435

① Holborn 和 Strand 是伦敦中心地区两条相距不远的大街。

次，有 3 000 多个劳动人民必须搬迁。扪心自问，可以断定他们中的大多数人都被职业牢牢地束缚在这个地点上，只要把他们迁出一英里，就会是一场灾难。结果，从现金上看，伦敦必须给这些搬迁者每人约 100 镑——一共支出 30 万镑。至于那些即使迁出一英里也为难的人——靠市场为生的人或其他被拴在该地点上的人——要支付的费用就高得多。他们将要求占有一小块被这个宏伟方案所清理出来的宝贵土地，其结果是为安置他们要支付相当大的代价，每人 260 镑，或者每一个五六口之家 1 400 多镑。财务数字很难反映普通概念，让我们把它表达得更通俗些。1 400 镑在住房市场中意味着每年可支付 100 镑租金。它可以在汉普斯特德①购置一幢中上层阶级喜欢的上等的，甚至豪华的花园住宅；或者可以在近郊的任何地方购置一幢年收入为 1 000 镑的人居住的住宅。如果有些城市职员想住到火车通勤方便的远郊新村镇去，一幢 1 400 镑的住宅可以说是十分宏伟的。"但是住在科文特加登②的有一妻四子的穷苦劳动者的居住条件又如何呢？1 400 镑根本谈不上有舒适的标准，更谈不上宏伟了。"他只能在一幢至少三层高的楼房中住上三间非常狭窄的房间。"与此相对照，在一个新区，从一开始就认真规划的大胆方案能做些什么呢？街道比这条准备开拓的街要宽得多，只要用建这个贫民窟的 1 400 镑的一部分就能，不是向一个家庭提供"在一幢至少三层高的楼房中住上三间非常狭窄的房间"，而是向田园城市的七个家庭每户提供一幢舒

① Hampstead，伦敦北部一个中上层阶级居住区。

② Covent Garden，伦敦中心的一个闹市区。

适的、带有精致的小花园的六室小别墅；与此同时，将鼓励工厂主在他们的附近进行建设，每一个养家糊口的人将住在他工作地点的步行距离之内[1]。

所有的城镇还应该准备满足另一种现代的需要——那就是现代环境卫生事业的演变和近年来迅速发展的发明所提出来的需要。排污管、排水管、供水管、煤气管、电报线、电话线、照明线、动力线和邮件气动传输管等等地下管线，即使说不是必不可少的，也被认为是经济的。如果说这些管线在旧城中是经济的，那么在新城中又要经济到什么程度呢？因为在空旷的土地上便于使用最好的装备来施工，而且容易使新城市随着服务设施数量的增加从不断增长的好处中最大限度地受益。在建设管线以前，必须开挖一定宽度和深度的沟壕。为此，可以采用最好的开挖机械。在旧城中，如果不是完全不可能，采用这种机械也是非常令人讨厌的。但是，在田园城市中可以使蒸汽挖土机不出现在有人居住的地方，而是出现在这些工程完工以后才有人来住的地方。如果英国人能亲眼看到其实际效果，他们就会确信，采用这种机械是多么壮观的事情，它不仅符合最终的国家利益，而且能立即取得直接的好处，不仅使机械拥有者和使用者受益，而且使那些靠这种机械的神奇帮助而取得工作的人受益。如果我国人民和其他国家的人民从实践中学会可以在很大规

〔1〕 伟大的金斯威路①街道改造计划（1900～1910）耗资 400 万镑以上。扣除取得的信用贷款，到 1956 年伦敦地方税净支出估计为 350 万镑，预计到 1986 年可以结束这项支出（Dr. W. A. Robson，*Government and Misgovernment of London*，1939）。但是这笔乐观的计算当然没有考虑到纳税人的巨大“投资”在利息方面的损失。——1946 年版编者

① Kingsway，连接 Holborn 和 Strand 的一条街道。

模上使用机械以提供职业和取消职业——吸引劳动力和迁出劳动力——使人享受自由和受到牵制，那将是一个多么令人愉快的日子啊。显然，在田园城市中有大量工作要做。同样明显的是，在大量住宅和工厂建设以前，许多事情还不能做，如果沟壕挖得愈快、管道埋得愈快、工厂和住宅建得愈快、照明与动力线接得愈快，那么这座城市——一个勤劳、快乐的人民家园——就能建得更快，而且，其他人就能更快地开始建设其他城市的工作。那些其他城市并不和这座城市相同，它们会建得愈来愈好，就像我们现在的火车头比第一批试制的粗糙的机械牵引原型机要好得多一样。

我们现在提出四条有说服力的理由来说明为什么一定数量的收入在田园城市比在通常条件下要获得大得多的成果：

(1)在估算净收入时，除了少量已经支付的数额以外，无须为土地所有权再支付“地主地租”或利息。

(2)用地实际上是避开各种建筑物和构筑物的，因而用于购置这类建筑物的支出和为避免业务干扰所支付的补偿，或者与此有关的法律支出和其他支出都极少。

(3)有一个经济效益良好的、明确而符合现代需要和要求的规划方案，因而城市在适应现代潮流时能免除旧城市遇到的那些支出。

(4)由于整个用地空旷而便于施工，因而有可能在筑路和其他工程施工中采用最好、最现代化的机械。

读者在后面还将看到其他经济效果，但是在讨论了一般原则的基础上，我们在下一章讨论我们的预算是否足够的问题时就有了较好的准备。

第五章　田园城市的支出细目

“啊！如果那些主宰各族命运的人但能记住这一点——如果他们但能想想，那些最穷苦的人居住得又拥挤又肮脏，在那里，社会礼仪不是已经丧失，就是根本没有见过，在他们的心灵里产生出对家庭的爱，该是多么难得的事，而这种爱正是一切家庭道德的源泉——如果他们但能把目光转移出通衢、大厦，并试图改善那些只有赤贫者行走的僻巷中的陋屋——许多低矮的房顶比起那些耀武扬威地矗立在罪恶和可怕的疾病丛中的、以如此对比强烈而自鸣得意的尖塔，更能真诚地通向天堂。从工厂、医院、监狱里发出的虚伪声音，也日复一日、年复一年地传播着这一个真理。这并不是无关紧要的事——不单是劳苦群众的呐喊——也不仅仅是可以在星期三晚上[①]闲聊的、有关人民健康和安乐的问题。从对家庭的爱里产生出对国家的爱；谁是真正的爱国者，谁能在紧要关头为国家所需要——是那些崇拜田产，拥有森林、河流、土地以及它们的一切产物的人？还是那些热爱他们的国家，而在广阔的国土

① 星期三晚上是英国议员看戏的时间。

之中毫无寸土可以自豪的人?”

——狄更斯:《老古玩店》(Charles Dickens, *The Old Curiosity Shop*, 1841)

一般读者很难对本章的内容感兴趣,也许根本不感兴趣。但是我想,如果认真研究,就能确信本书的主要命题之一——在农业用地上建设起来的一座规划良好的城市,它的税租能充分满足通常要靠强制征收地方税来支付的城市设施的建设和维护。

在支付了债券的利息和用地的偿债基金以后,田园城市可靠的净收入估计每年为5万镑(见第三章第30页)。第四章提出了一些特殊原因说明为什么田园城市一定量的支出通常会更有成效,现在我要谈一些细目,以便读者在了解某些具体内容以后,就本书提出对我们提倡的试验的立论更有价值的评论。

项目	支出(镑) 建设投资	支出(镑) 维护和经营费
(A)城市道路25英里,每英里4 000镑	100 000	2 500
(B)乡村道路6英里,每英里1 200镑	7 200	350
(C)环形铁路和桥梁5.5英里,每英里3 000镑	16 500	1 500(只包括维护费)
(D)6 400名儿童(占总人口的1/5)的学校,建设投资每人12镑,维护和经营费每人3镑	76 800	19 200
(E)市政厅	10 000	2 000
(F)图书馆	10 000	600
(G)展览馆	10 000	600
(H)公园250英亩,每英亩50镑	12 500	1 250

(I)污水处理	20 000	1 000
	263 000 镑	29 000 镑
(K)263 000 镑投资的利息，利率 4.5%		11 835
(L)30 年偿清债务的偿债基金		4 480
(M)地方机构在田园城市所在范围内征收的地方税的结算额		4 685
		50 000 镑

除上述支出外，还有用于市场、供水、照明、有轨电车以及其他有收入设施的大宗支出。但是，这些支出几乎肯定有大量收益，有助于增加税收。因此，无须进行计算。

现就上述估算进行分项说明：

(A)街道

我们首先来考查为适应人口的增长而修建街道的费用。通常这笔费用既不由土地的地产主承担，也不从地方税中支出。在地方当局同意把道路作为免费的赠品以前，这笔费用一般由建筑物所有者支付。因此，显然这个 100 000 镑中的大部分可能勾销。专家们将不会忘记，所有道路用地的费用已经支付。在考虑预算实际上是否够用的问题时，他们还应该记住，林阴大道的 1/2 以及街道和大街的 1/3 实际上属公园的性质，因而建设和维护这部分道路的费用将在“公园”名目下支出。他们还应该了解，筑路材料可能就近解决，而且街道的重型交通大部分已由铁路承担，因而不必采用较昂贵的铺装方法。然而，如果可能修建地下管线，每英里 4 000 镑的费用无疑是不够的。但是，考虑到下述情况，使我不必估计这一点。因为地下管线只要有实用价值，就是一项经济来源。倘若能很快检测到破损管线的泄漏，避免不断为铺设和修理水、电、煤气管线而开挖，道路的维护费就能降低，同样，地下管线的支出也能降低。所以，它们的费用应该记入水、电、煤气供应等支出的借方，因为这些服务项目几乎毫无例外地都是修建这些设施的公司的收入来源。

(B)乡村道路

这些道路只有40英尺宽，从而每英里1 200镑是足够的。因此，用地的费用可以忽略不计。

(C)环形铁路和桥梁

所有用地的费用都已经支付(见第29页)。当然，机车和运营费等不包括在维护费之内。这些费用要从使用铁路的商人那里去筹集。还应该指出的是，和道路的情况一样，由于表明这项设施可以从税租中支出，我所证明的已经比我要证明的更进了一步。我已证明，税租不仅足以支付地主地租和通常从地租中支出的费用，而且还能支付范围广泛的市政活动费用。

这里还要指出，这条环形铁路不仅将使商人节省往返仓库或工厂的运费，而且能使他向铁路公司索取一笔回扣。1894年的铁路和运河价目法(Railway and Canal Tariff Act)第4条规定："当铁路公司在不属于该公司的侧线或支线上收货或发货，由于铁路公司没有提供停放货栈或中转服务，铁路公司和发货人或收货人之间在应该从已支付的运货费中提取多少津贴或回扣给收货人或发货人的问题上发生争执时，铁路和运河专员（Railway and Canal Commissioners）将有权听取和确定公正而合理的津贴或回扣的数额。”

（D）学校

每个学生估算为 12 镑，相当于几年以前（1892 年）伦敦学校委员会平均为每个学生用于建筑、从事该工程的建筑师和职员以及校具和装备的费用。没有人会怀疑，用这笔钱可以建成比伦敦好得多的建筑。前面已经说过关于用地方面的节约，但是应该指出，在伦敦为每个学生所花的用地费用为 6 镑 11 先令 10 便士。

为了表明这个估算是多么宽裕，可能应该看一看曾经建议由伊斯特本（Eastbourne）一家私营公司来建设的学校的费用。“基于排挤学校委员会的立场”，该公司估计 400 个学生需投资 2 500 镑，每个学生的投资只及田园城市的半数稍多一点。

有鉴于如下事实，1896～1897 年 c. 8545 议会教育委员会报告（Report of the Committee of Council on Education）中说，英格兰和威尔士“平均实到学生数的每人支出”为 2 镑 11 先令 11.5 便士，每人 3 镑的学校维护费大概是足够的。还要特别指出的是，在这些估算中全部教育费用都是假定由田园城市承担的，然而在通常情况下，很大部分是由国库承担的。根据上述报告，按英格兰和威尔士平均实到学生数的每人获得国库拨款的比率推算，在田园城市的 3 镑中应占 1 镑 1 先令 2 便士。因此我再次重申，学校的情况和道路及环形铁路的情况一样，我已证明了比我要证明的更为可靠。

(E)市政厅和管理经费

必须指出，各项事业的估算费用已经把建筑师、工程师、教师等等的专业指导费和监督费包括在内。因此，这个项目的2 000镑维护和经营费只包括城市当局的职员和官员的工资和杂费，不包括各专门项目中的人员开支。

(F)图书馆和(G)展览馆

在其他地方，前一项通常靠筹集基金来解决而不是靠地方税，后一项也往往如此。因此，这里又一次表明，我已超出了要证明的范围。

(H)公园和道路装饰

在田园城市的经济情况根本好转以前，这项费用是不必支出的。在一个相当长的时期内，公园用地可以作为农业用地，从而成为一个收入的来源。而且，不少公园用地也许可以维持一种自然状态。有40英亩公园用地是作为道路装饰，但是栽植乔木和灌木并不十分花钱。此外，有大量用地预留作为板球场、草地网球场和其他游戏场，也许会遵循其他地方的惯例，要求使用这些公共场地的各个俱乐部承担场地的维护费。

(I)污水处理

在这方面要说的话已经在第一章第16页和第二章第23页中说过了。

(K)利息

我们已经说过，假定建设市政工程的钱按4.5%的利率借得。问题在于——在第四章中已谈到一些——那些借钱给“B”项债务的人能得到什么保证呢？

我的回答是有三重保证：

(1)那些为改善用地质量提供贷款的人，其贷款保证的可靠程度实际上主要取决于这笔贷款所从事的事业的有效性。根据这一不言而喻的道理我敢断言，就支出的有效性而言，多年来没有什么钱能比得上约请投资者向这一类改善措施投资的钱那样有保证，无论是用于按英里计算的道路、按英亩计算的公园或者按人数计算的学童。

(2)那些为改善用地质量提供贷款的人，其贷款保证的可靠程度主要取决于下述考虑：是否有其他人用他们自己的钱使其他更有价值的工程同时施工；这些其他工程将成为上述贷款的保障。根据这第二条不言而喻的道理，我认为，这里所说的用于改善公共事业的钱，只有在其他改进措施——建设工厂、住宅、商店等等(无论何时，这些措施比市政工程花的钱要多得多)——打算建设或正在建设时，才会被提请使用，因而保障的可靠程度是极高的。

(3)很难说出还有什么能比把钱用在使农业用地转变为城市用地上更为保险的了，而这是众所周知的。

我毫不怀疑，本项计划实际上只需以3%的利率为保证，而且到后期必将如此；但是我没有忘记，尽管田园城市的新特点正是使它可靠的基本因素，但是它却不可能使人贸然相信这一点，那些仅仅是为了寻找投资出路的人可能会投以怀疑的目光，因为这是一个新事物。我们必须首先考虑那些以复杂的动机——有人出于公心、热爱事业，可能也有人认为他们会使他们的债券高于票面价值，而这是可能的——发放贷款的人。因此，我把利率定为4.5%，但是如果有人出于良心，他可以按 2%或 2.5%的利率给予贷款，甚至给予无息贷款。

(L)偿债基金

这笔在 30 年内偿清债务的偿债基金，比通常由地方机构为这类长远工程所提供的偿债基金要优惠得多。即使有时间比这更长的偿债基金，地方政府委员会(Local Government Board)往往也会同意给予贷款。还要记住，另外一笔用于支付土地费用的偿债基金已经有了着落(见第四章第 31 页)。

(M)地方机构有权在田园城市所在地征收的地方税余额

我们将看到，田园城市的整个方案将极少动用外界地方当局的财物。道路、污水、学校、公园、图书馆等等将由新“市”的资金来解决。对于目前在当地从事农业的人来说，这时要支付的全部税额就犹如“一笔辅助税”，因为仅仅为公共消费的目的而征收的税，在纳税人的数量大大增加时，几乎也不会增加什么新的税目，每人平均的纳税额必然下降。然而我并没有忘记，有些功能是田园城市这一类自愿组织不能接管的，例如公安工作和实施济贫法。对于后者，从长远来说，可以相信整个方案将使这类税收成为不必要；因为在偿清债务以后，田园城市无论如何都会向它的需要帮助的老年居民提供抚恤金的。同时，从创建初始，它就承担起它应做的全部慈善事业。有30英亩用地分配给各种慈善机构，有朝一日，它们无疑将承担起维持这些机构的全部费用。

至于公安税，我不相信到3万居民进入该城市时会有大的增长，这些居民大部分都将是奉公守法的。由于只有一个地产主，也就是这个社区，看来不难防止那些周围环境带来的经常需要公安机构干预的事件（见第七章）。

我想，现在我已完全确立了我的论点，田园城市承租人自愿缴纳的税租，相对于他们得到的好处来说，是微不足道的：(1)以债务利息的方式支付地主地租；(2)为完全取消地主地租而支付偿债基金；(3)提供城市的市政需要，而不必求助于任何有关征税的议会法案——该社区仅仅依靠发挥一个地产主的强大作用。

(N)有收入的支出

如果准备得出的结论——我们提倡的试验提供了一个非常有效地使用劳动力和资本的途径——适用于通常由税收来支付的项目，我想，这个结论必然同样适用于有轨电车、照明、供水等等项目；当这些项目由市政当局来掌管时，往往成为一个收入的来源，从而可以减轻纳税人的税额。由于我没有谈到任何有关这些事业收入的预计效益，因此我也不打算对这些项目的支出作任何估计。

译　　注

图题:图 4　地主地租的消亡

本图原载于第一版，但在以后各版中都被删除。它几乎比正文中任何地方都更明确地表达了霍华德消灭地产主的目标。

上部两侧文字：在现有条件下，相当于田园城市规模的人数，每年要缴纳的地租和地方税大约为144 000镑(大圈中标明：地主地租80 000镑，用于市政目的64 000镑)，平均每人4.10镑，而且有不断上升的趋势。

中部中间文字：通过迁往田园城市，地租和地方税立即减少到每人2镑。

下部两侧文字：其中包括逐步偿清地主地租的偿债基金。在偿清债务以后，迄今用于上述目的的全部资金，就由市政当局支出，或者用于老年人抚恤金。

6个小圈的文字、数字列表如下： 单位：镑

(圈外)	(外圈) 用于市政目的	(中圈) 偿债基金	(内圈) 地主地租
竣工时(上左)	44 000	4 400	9 600
10年以后(上中)	44 000	6 514	7 486
20年以后(上右)	44 000	9 625	4 375
25年以后(下左)	44 000	11 750	2 250
30年(下中)	44 000	13 800	200
此后(下右)	44 000	(老年人抚恤金) 14 000	—

第六章　行政管理

“城市生活的现有弊端是暂时的、可以补救的。清除贫民窟并消灭其毒害和排干沼泽地并彻底驱散其瘴气是一样可行的。现代城市中广大群众所处的条件和环境可以按他们的需要来调整，以便在体质上、精神上和道德上最大限度地发挥人类的素质。所谓现代城市的问题，只不过是一个主要问题的多种表现形式。这个问题就是：怎样才能使环境最妥善地符合城市人民的福利？科学可以满意地回答每一个这类问题。现代城市科学——在人口稠密地区安排涉及众人之事——依赖于许多方面的理论知识和实践知识，包括行政管理学、统计学、工程和工艺学、卫生学以及教育学、社会学和伦理学。如果有人从广义上运用‘城市政府’这个词，赋予它全面安排社区公共事务和利益的含义，而且，如果有人坚信愉快而合理地接受城市生活是一种巨大的社会现实，‘城市政府’应该力争使这种城市生活积极地有助于促进全体人民——他们的合法利益使他们共同成为大城市的居民——的福利，那么他就必须了解撰写本书的观点。”

——艾伯特·肖：《英国的城市政府》（Albert Shaw,

Municipal Government in Great Britain,1895)

我在第四章和第五章中谈到由管理委员会(Board of Management)支配的资金问题,而且我确信,并力求表明托管人以城市地产主的资格所收集的税租是足够的:(1)支付购地债务的利息;(2)支付偿债基金,这将使社区尽早摆脱支付这项债务利息的负担;(3)使管理委员会能从事那些在大部分其他地方要靠强制征税的办法来进行的事业。

现在出现一个十分重要的问题,这就是市营企业所经营的范围和取代私营企业的程度有多大。我已经表明,我所提倡的试验,就像许多其他社会试验一样,并无把全部工业收归市有和消灭私营企业的意图。但是指导我们划分市营和私营控制管理界限的原则是什么呢?约瑟夫·张伯伦先生[①]说过:“市政活动的确切范围仅限于社区能干得比私人好的事情。”更确切地说,不言而喻,问题的关键必然是哪些事情社区能干得比私人好。在我们设法回答这个问题时,我们遇到两种完全对立的观点——社会主义者认为:财富生产和分配的一切方面最好都由社区来掌管;个人主义者主张这些事情最好由私人来办。然而正确的答案可能不会走这两个极端,只能通过试验来求得,而且因不同的社区、不同的时间而异。在市营企业的知识和信誉不断增长的情况下,在脱离中央政府的控制取得较大自由的情况下,市政活动的范围可能会扩大到很大

① Joseph Chamberlain(1836~1914),英国政治家,初为自由党激进派,后成为保守党右翼。1895年任英国殖民大臣。

的领域——尤其是在市属的土地上，但是市政当局仍然认为，不存在一成不变的垄断和享有全权的联合。

只要记住这一点，田园城市的市政当局一开始就会小心谨慎，而不鲁莽从事。如果管理委员会样样事都想干，筹集市政事业资金的难度就会大大增加；因而在最终公布的计划任务书中将明文规定公司打算把委托他们管理的钱用在哪些方面，最初这仅限于经验已经证明市政当局能办得比私人更好的那些事情上。显然，如果使承租人确实了解“税租”将用于何处，他们也会非常乐意缴纳足够“税租”的。在这些事情做成、做好以后，进一步适当扩大市营企业经营的范围，困难就不大了。

因此，对于市营企业掌管的范围应该多大的问题，我们的回答就是如此。它的范围将直接按承租人自愿缴纳的税租来衡量，并随着市政工作的有效性和可靠性作相应的增长或缩小。例如，如果承租人发现目前表现为税租形式的非常小的额外贡献可以使当局向各方面提供条件极好的用水，他们就会确信，这种投资少、收效好的事情是依靠任何营利的私营业务部门所不可能得到的，他们将自然而然地愿意，甚至急切地认为应该做另一些充满希望的市政工程试验。就此而论，田园城市的用地也许可以和博芬[①](Boffin)先生和太太的著名公寓相媲美。狄更斯的读者会记得，那座公寓的一头按博芬太太的口味装修，她是一位“讲究时髦”的人，而另一头则按舒服实惠的概念装修，这使博芬先生十分满意，但是在举办家庭聚会时却彼此谅解，如果博先生想在时髦方面搞点“高

① 博芬先生和太太是狄更斯的最后一部小说《我们共同的朋友》(*Our Mutual Friend*,1865)中的人物。

标准”，博太太的地毯就“时兴一些”，如果博先生“不讲究时髦”，博太太的地毯就“守旧一些”。同样，如果田园城市的居民“讲究”合作，市政当局就会“时兴一些”，如果他们“不讲究”合作，市政当局就“守旧一些”；如果有相当数量的岗位被市政工作者占有，无论何时非市政工作者都会非常公正地反映公共行政管理机构的技能和全局观念的。因此，评价的高低取决于市政当局的努力。

但是，除了反对把包罗万象的企业都管起来以外，田园城市市政当局的机构是这样组成的，各种市政行业的职责直接委托该行业的官员来行使，而不是松散地托付给庞大但实际上置之不理的中央机构——公众对这种做法是难以察觉哪里有漏洞和矛盾的。机构是按范围很广而明确分工的业务来设置的，分为许多部门(departments)，预计每个部门都能长期存在——选择各部门的官员，通常是看他们是否特别适合做该部门的工作，而不完全看他们的阅历。

管理委员会

包括：(1)中央议会(Central Council)

(2)各部门(Departments)

中央议会

这个议会(或被议会任命的人)就好比是田园城市的唯一地产主，有掌管社区的权力。我们已经看到，在偿清债务以后(即在支付地主地租和偿债基金以后)，承租人所缴纳的全部税租以及各种市政事业所取得的利润足以承担全部公共支出，无需求助于强制收税的权宜措施。前面可能已经讲过，中央议会拥有的权力比其他地方的市政实体拥有的权力要广泛得多[1]，因为那些实体只享有国会的法令专门授予的权力，而田园城市的中央议会代表人民，行使地产主根据通常的法律所享有的广泛的权力和特权。土地的私人所有者可以由自己来支配他的土地和来自土地的收入，只要不妨害他的邻居；而根据国会法令取得土地或者征税权的公共实体只能根据那些法令专门规定的意图来使用那块土地或那些税金。但是田园城市的地位还要优越得多，因为它以一个准公共实体的身份享有私人地产主的权力，它立即拥有比其他地方实体广泛得多的实现人民愿望的权力，因而在许多方面解决了地方自治的问题。

虽然中央议会权力很大，但是为了便于管理，它把许多权力授予各部门。不过仍保留下列职责：

(1)安排田园城市的总体规划；

(2)决定给学校、道路、公园等等支出部门的用款数量；

(3)对各部门进行必要的，但不过分的监督与控制，以保持全局统一协调。

各部门

各部门可分为若干组织(groups)——例如：

(A)公共管理；

(B)工程；

(C)社会目标(Social Purposes)。

[1] 在市政辖区内外从事建设的各市政当局以及从事大规模社区建设的公营公司或私营企业应该注意霍华德的这一重要观点。——1946年版编者

(A)公共管理

这个组织可包括下列分组织(sub-groups):

财政　　税务

法律　　检查

财　政

在支付地主地租和偿债基金以后,全部税租都交给这个部门;中央议会分配给各部门的所需金额由此支出。

税　务

本部门受理各种想当承租人的人的申请,并确定要缴纳的税租额——然而,这些税租额并不是由该部门专断的,而是根据另设的各税务委员会(Assessment Committees)所采用的基本原则确定的——实际的决定因素是一般承租人[1]愿意支付的税租额。

法　律

本部门规定签订租约的条款和条件,以及需要由中央议会,或者向中央议会,签订的契约的性质。

检　查

本部门执行市政当局以地产主资格,并取得当地承租人同意的、合理的检查任务。

(B)工程

这一组织包括下列部门——有些部门可以在以后建立:

---

〔1〕 税务委员会称这些人为“假设承租人”。

道路	排水
地下管线	运河
污水	灌溉
有轨电车	供水
市政铁路	动力和照明
公共建筑(不包括学校)	通讯
公园和户外空间	

(C)社会和教育

这一组织也分为若干部门：

教育	图书馆
浴室和洗衣房	游憩
音乐	

管理委员会成员的选举

管理委员会成员(男人、妇女都可担任)由纳税租人选举产生，在一个或几个部门服务。各部门的主席和副主席组成中央议会。

可以相信，在这种体制下，本社区可以有正确评价其公务人员工作的最完善手段，在选举时可以向他们提出清楚而明确的问题。对于候选人，并不要求他们对许多他们没有成熟意见的城市政策问题说明观点，从他们的公职角度来看，这些问题可能并不是他们取得选票所必须回答的。但是他们必须直接对某些专门的问题或成组的问题阐明他们的观点，有关这些问题的中肯意见对于选举人来说是至关重要的，因为它直接涉及城市的福利。

第七章　半市营企业——当地人民抉择——禁酒改革

在上一章中我们看到，市营企业和私营企业之间并无明确的界线可划，因而人们可以明确地对任何一方说："目前让你干，今后不行。"在我们考察田园城市产业活动时可以很好地用一种那里的企业形式来阐明这种不断变化的特性；那种企业既非截然市营，也非截然私营，正如它的表现，两种特性兼而有之，也许可称之为"半市营企业"。

许多现有城市最可靠的收入来源是它们所谓的"公共市场"。但是值得注意的是，这类市场的公共涵义与我们的公园、图书馆、给水设施或者其他各种市政工程行业的涵义并不完全相同，后者经营的是公共财产，由政府官员掌管，用公款支出，唯一的目的是为公共谋福利。与此相反，我们所谓的"公共市场"绝大部分靠私人经营，它们为它们占用的那部分建筑物支付市场税，但是除了有限的几个方面以外，它们不受城市的控制，它们的利润由各个业主个人享用。因此，也许可以贴切地称市场为半市营企业。

尽管没有必要去讨论上述问题，但是顺理成章，它使我们去考虑一种半市营企业的形式，也是田园城市的特征之一。这种形式可以在水晶宫中找到。大家还记得，那是一个环绕中央公园的巨型拱廊，展销着田园城市最有魅力的商品，是冬季花园和大商业中心，也是市民最爱去的娱乐场所之一。各商店的业务不是靠城市而是靠各种私人和社团来经营，然而经商者的数量受到当地人民抉择原则的限制。

形成这种体制要考虑两种不同的情况，一方面是制造商的情况，一方面是销售社团和应邀来此开店的店主的情况。比如说，以皮靴制造商为例，尽管他可能喜欢这个城市居民的风土人情，但他并不在当地谋生；他的产品行销全球；他并不希望对当地制靴商的数量作什么特殊限制。实际上对他来说，限制的失大于得。作为一个制造商，往往宁愿在他的附近有别人从事相同的事业，因为这样他能有选择男女技工的较大余地；工人自身也喜欢这样，因为他们能有更多的雇主。

但是对于商店和百货公司来说，完全是另一种情况。比如说，一个申请在田园城市开设绸布店的个人或社团，必然最关心对他的竞争对手的数量是否有加以限制的规定，因为他几乎完全靠在本城市或附近地区的贸易为生。的确，一位私人地产主在设置一块建设用地时，往往要和他的商店承租人商定措施，防止在他的用地上出现由别人经营的相同行业，使承租人陷入困境[1]。

因此，看来问题在于如何能使这种合适的安排立即产生如下作用：

---

[1] 霍华德有关限制零售商数量和商店经营类别的建议已被韦林田园城市的地产公司所采纳，虽然这不属于他所强调的直接民主管理。这项政策曾经是某些地方的争论焦点，但是其结果，不论是在开发资金上或者零售服务的质量上，都是值得研究的。——1946年版编者

(1)吸引店主阶层的承租人来此经营,向社区提供足够的税租。

(2)防止商店重复设置造成的不合理和浪费,参见第64页脚注。

(3)确保通常由竞争带来的(或许是推断的)优点——如低物价、多选择、待人公平、谦恭有礼等等。

(4)避免垄断带来的弊端。

所有这些结果都可以用一种简单的办法来实现,这种办法可以使竞争从一种活跃的力量转变为一种既可发挥作用,亦可保留的潜在力量。我们已经说过,这就是运用当地人民抉择的原则。具体地说:田园城市是唯一的地产主,它可以给一个预计的承租人——我们假设他是一个绸布店或小商品合作社团或个体商人——签发一个以若干税租额在大拱廊(水晶宫)中占有一定地盘的长期租约;实际上它可以向承租人说:"这是在这一分区中我们打算租给经营你这一行的任何承租人的唯一地盘。然而,这个拱廊并不打算仅仅作为城市和地区的大商业中心,以及本城制造商展示商品的永久性展览馆,而且还要作为夏季和冬季的花园。因此,拱廊覆盖的面积将大大多于商店或百货公司保持合理规模所实际需要的面积。现在,只要你使城市居民感到满意,那些专用于游憩目的的用地就不会租给任何经营你这一行的人。但是,必须防止垄断。因此,如果居民对你的经营方式不满,希望用竞争的力量来对付你,那么在一定人数的请求下,拱廊中的必要用地将由市政当局分配给某一个想开办对台商店的人。"

可以看到，在这种安排下商人将会注重他在顾客心目中的信誉。如果他定价过高，如果他虚报商品质量，如果他在劳动时间、工资或其他方面不合理地对待雇员，他就要承担在顾客中丧失信誉的风险，城市居民会有非常有力的办法表达他们对他的情绪：他们将直接邀请一位新的竞争对手来从事这项事业。但是另一方面，只要他明智而良好地发挥他的作用，把他的信誉建立在顾客信赖的坚实基础上，他将受到保护。这样他就会得到极大的好处。在其他城市，无须预先通知，任何时刻都会出现一个与他竞争的对手，也许就在他买进某些昂贵商品的时刻，而那些商品如果不在旺季售出，只能大大地亏本变卖。另一方面，在田园城市他可以预先充分了解他的危险——有时间为此作准备，甚至避免发生。然而，如果不是对他特别的不满，社区的成员不仅没有兴趣造成竞争局面，而且他们的兴趣主要在于尽可能长地使竞争处于潜伏状态。一旦把竞争之火烧向一个商人，他们必然也要和他一起遭受损失。他们将会失去更适用于其他用途的地盘——他们将不得不支付只要第一个商人愿意就可出售给他们的价格更高的价格，他们不得不向两个而不是一个商人提供市政设施补贴，而这两个竞争者都不可能付得起原来那个商人能支付的那种数额的税租。因为在许多情况下，竞争的作用是使物价绝对需要上涨。例如，A 每天做 100 加仑牛奶的生意，我们假定除去他的开支，维持最低生活，他可以向顾客供应每夸脱 4 便士的牛奶。如果来了一个竞争者，倘若 A 要维持原来的开支，就只能出售每夸脱 4 便士的加水牛奶了。因此，店主之间的竞争必然不仅会导致竞争者的破产，而且会维持甚至抬高物价,从而使居民实际收入降低[1]。

我们将会看到,在这种当地人民抉择的体制下,田园城市的商人——无论是合作社团或个体——即使不是严格地或从技术上变成市政公务人员,但也实际上变成了。然而他们不会热衷于文牍主义的官样文章,而是有充分的权利和能力发挥首创精神。他们不是靠咬文嚼字地刻板遵循一成不变的规定,而是靠他们对选民愿望和爱好的预测,以及作为一个诚实而殷勤的商人,来维持和赢得信誉。他们像所有的商人那样必然会遇到风险,他们获得的报酬不一定表现为工资的形式,而是利润。但是他们所遇到的风险必然比在无节制、无控制的竞争下要小得多,他们的年利润占投资的比例也会大些。他们甚至会按大大低于其他地方的行情出售,但是买卖有保证,可以非常精确地估算需求,而且资金周转极快。他们的劳务支出会小得难以置信。虽然他们无疑要向顾客介绍新产品,但不必招揽顾客;商人们通常花在吸引顾客防止他去方面的所有精力和钱财都成为不必要。

不仅每一个商人在某种意义上变成了市政公务人员,而且他的雇员也是这样。的确,这些商人完全有权聘请和解雇他的雇员;但是如果他做得专横、苛刻,如果他工资给得不足,或者他对待雇

[1] "尼尔先生(Mr. Neale)在《合作经济学》(*Economics of Co-operation*)中曾经算过,伦敦共有 41 735 家独立的商店从事 22 种主要零售业。如果每一种零售业只设 648 家商店——那就是每平方英里各有 9 家,任何人从一家商店到最近的另一家商店都不超过 1/4 英里。总共只需 14 256 家商店。假定这就足够了,那么在伦敦每实际需要 100 家商店,就有 251 家商店(原文如此——译者)。若将现在零售业中浪费的资金和劳力解放出来用于其他工作,国家的普遍繁荣将大大增长。"《产业经济》(A. and M. P. Marshall, *Economics of Industry*)第九章第十节。

员态度轻率，他肯定会遇到在大多数顾客中丧失信誉的危险，即使在其他方面他可以证明自己是一个值得钦佩的公务人员。另一方面，如果建立分红制日益形成风气，那么在大家都成为合作社成员的过程中，主人和雇员的区别将逐渐消失[1]。

在商店经营中应用当地人民抉择体制不仅仅是照章办事，而且是创造一种机会来表达公众的意志，以反对榨取他人血汗的人。现在这种人很常见，但是他几乎不知道如何去顺应新潮流。例如，几年以前，在伦敦建立了一个消费者联盟(Consumers'League)，其目的并不是像它的名称给人的感觉那样保护消费者去反对不讲信义的生产者，而是保护受压榨和操劳过度的生产者去反对一种消费者过分要求降价的喧嚷。其宗旨是协助那些厌恶和痛恨压榨制度的人们，利用联盟认真搜集的情报，使他们可以慎重地抵制那些经过压榨者之手的产品。但是消费者联盟提倡的这种运动如果没有商店老板的支持是很少有进展的。这种消费者必须是一个特别强烈反对压榨、坚决要求了解他所购买的每一件商品来源的人，而在通常情况下，一个商店老板很少会愿意提供这类情报或者保证他所出售的商品是在"公正"的条件下生产出来的；带着抵制压榨的特殊目的，在销售机构已经过多的大城市中开设商店的做法已告失败。然而在田园城市，公众有极好的机会来表达这方面的意

[1] 这种主要适用于销售业的当地人民抉择的原则也许适用于它的某些分支行业的生产。例如以就地营业为主的面包房和洗衣房，似乎可以慎重地加以运用。很少有什么行业像这些行业那样需要认真监督和控制，也很少有像它们那样直接涉及人们的健康。诚然，在极端的情况下可能有市营面包房和市营洗衣房，但是显然，由市政当局来管理一项产业即使合适、可行，但也只是一种设想的权宜之计。

志，而且，我希望没有店主会冒险出售“榨取出来的商品”。

这里可能还涉及一个与“当地人民抉择”这个名词有非常密切关系的问题。我指的是禁酒问题。现在应该指出，城市作为唯一地产主的地位，有权以最激烈的态度对待卖酒业。众所周知，有许多地产主不允许在他们的地产上开设酒店，而田园城市的地产主——也就是居民自己——也可以采纳这种方针。但是，这样是否明智呢？我想不明智。首先，这种限制会排斥非常大量和日益增加的适量饮酒的人，也会排斥许多不会节制用酒的人，但是对于这些人，改革家们会坚决主张他们应该在有助于健康的影响下得到改造，而在田园城市中他们将受到这种影响。在这样的社区中，酒店或相应的设施会在吸引居民方面遇到许多竞争者；而在大城市中，由于很少有机会取得廉价而合适的享受，那就随心所欲了。因此，如果允许酒类贩卖在合理的控制之下，而不是加以禁止，这项试验在禁酒改革方面会更有价值；因为前者在禁酒方面的作用可以明确地描绘出较自然和健康的生活方式，如果采用后一种方针，现在无人怀疑，它只能证明用限制的手段有可能在一个小范围内完全驱除这项买卖，而在别处却加剧了这一弊端[1]。

但是，社区肯定要认真防止特许专卖酒店的过分重复，并自由

---

〔1〕 在霍华德写作时，有一个当地人民抉择的强烈运动，那就是争取通过公民投票，地方有权禁止酒类特许专卖，后来在苏格兰颁布了一个有这一作用的法令。在美国，有一段时间继续了这一运动，争取获得全国性禁止权。莱奇沃思的地产公司改变了霍华德的建议，采用了把特许专卖的问题与成年公民投票反对专卖的票数联系起来的原则，并一直延续至今。因此，虽然那里有几家老的特许专卖酒店，但没有建设新的。韦林田园城市采纳了霍华德关于限制酒店数量并控制其性质的政策。——1946年版编者

采用一种各种禁酒改革家提出的较温和的办法。市政当局可以自己经营卖酒业，并支配免除地方税的利润。然而，有许多反对的力量认为这样筹集一个社区的收入是不可取的，为此，最好把全部利润用于与卖酒业相抗衡的用途，或者为受酒精中毒影响的人建立收容所以减少其副作用[1]。有关这个问题的一切方面，我都热切地欢迎那些有实际建议的人提出相应的措施。尽管这只不过是一个小城市，但是也许在各个分区试验各种有希望的建议并不是不切实际的。

---

〔1〕 自本书出版以来，组成了各种旨在按切斯特主教(Bishop of Chester)提倡的原则来经营贸易的公司。固定了有限额的红利，除此以外全部利润都用于有用的公共事业，因而经理们根本没有任何兴趣去经营烈酒。注意一下G.凯德伯里先生① 在《伯恩维尔托拉斯基金契约》(*Deed of Foundation of the Bournville Trust*)中规定在一开始就完全限制卖酒业的观点，可能也是很有趣的。但是作为一个注重实际的人，他看到当托拉斯发展了(其增长的力量正处于最令人羡慕的状态)可能需要取消这种全面限制。他规定，在那种情况下，“出售和合作销售烈酒的全部净利润将专门用于直接经营的安全游憩活动以及针对卖酒业的反吸引设施”。——1902年版注

① George Cadbury(1839～1922)，英国工厂主和社会改革家。1880年他把他的可可和巧克力工厂从伯明翰迁往伯恩维尔，建立了一个田园村，它的成功促进了欧洲田园城市思想的发展。

第八章　准市政工作

在非常先进的社区社团和组织中将会找到比这些社区集合起来所拥有或表现的力量强得多的公共精神和进取心。也许从来没有一个社区的政府达到过那种社区通常要求达到的极高的思想状态和极高的工作质量；如果任何社会的国家机构或市政机构的工作热情受到那些社会责任感高于一般水平的人的激励和促进，就会大大有助于提高该社会的福利[1]。

田园城市可能就会这样。那里将找到许多发展公益服务的机会，它们既不要整个社区，甚至也不要大多数成员首先承认其重要性，或者希望他们予以接受，因此也没有必要期待市政当局去从事这类公益服务；但是在这个城市的自由气氛中，那些怀有为社会谋福利之心的人始终可以按照他们自己的责任感去从事试验，这样就会启发群众的良知并扩大群众的同情心。

本书描述的整个试验的确具有这种特征。这是开拓性的工作，它

---

〔1〕“在一个社会之中只有一部分人有足够的精力去抓住新的真理旗帜，并有足够的耐力举着它沿着崎岖、曲折的道路前进。……坚持要使全社区立即服从新实践和新主张的统治，而这种实践和主张还刚刚开始受当代最先进的纯理论思维的支配——这样，即使是一种可行的方案，也足以使生活不切实际，并加速社会的解体。……一种新的社会状态从来不可能巩固它的主张，除非人们公然掌握它、承认它，并给它以真诚而有效的拥护。”——J. 莫利：《论妥协》(John Morley, *On Compromise*)第五章

将由那些不仅怀有善良的见解，而且对土地公有制在经济、卫生和社会方面的优越性怀有实际信心的人来经营，因此，他们不仅仅满足于鼓吹这些优越性应该尽可能广泛地用国家经费来给予保证，而且迫切地要把他们的观点形象地体现出来，从而立即能和足够数量的人道精神结合起来。要使人们了解，要想在全国推行整个试验，就要在田园城市的社区中或社会中普遍推行我们所谓的"准市政(pro-municipal)事业"。正如大的试验是想引导国家实行一种较公正、较好的土地占用制度，并在如何建设城市方面树立一种较好、较合情理的观点一样，各种准市政事业也是如此。这些事业是由那些准备在各种事业中起示范作用以促进城市福利的人提出的，但是到那时为止他们还未能成功地使他们的方案或计划被中央议会采纳。

各种慈善救济机构、宗教社团和教育部门在这类准市政或准国家部门中占有重要的地位，这些我们已经谈过，而且它们的本质和目的是众所周知的。但是那些直接以福利事业的物质方面为目标的机构，如银行和建筑社团，可能也属于此。正如便士银行(Penny Bank)的创始人为邮政储蓄银行(Post Office Savings Bank)铺平道路一样，某些认真研究田园城市建设试验的人可能看到银行的作用，像便士银行那样，其目的在于全社区的福利，主要不在于为其创始人获利。这种银行可能准备把它的全部净利润或所有利润中的某一固定比例交给市财政部门，并且允许城市当局在确信其作用和普遍意义时接管它。

准市政活动在为居民建设住宅方面也有广阔的天地。如果城市当局试图承担这一任务，就会揽得过多，至少初期如此。这样做可能会过远地偏离经验证明合理的道路；不过就市政实体掌握大量资金方面来说，这样做也许是对这项工作较为有利的。然而，城市已经尽可能在为居民建设明亮、美丽的住宅方面做了不少事。它在辖区内有效地防止了过分拥挤，从而解决了现有城市不可能解决的问题；它提供了平均年土地税租为 6 镑的、面积宽敞的地块。在做了这么多事以后，市政当局将要认真对待一位有经验的、无疑主张扩大市营企业的市政改革家伦敦郡议会下院议员 J. 伯恩斯先生[①]的警告。他说："议员们已经把大量工作托付给伦敦郡议会的工作委员会去做，他们是如此切望它的成功，以致使它因工作负担过重而哽噎。"

然而，工人们可以从另外一些来源获得建设住宅的手段。他们可以组成建筑社团或者发起合作社团、友谊社团以及工会，以便贷给他们所需的钱，并帮助他们组织必要的机构。假定确实存在着真正的社会精神，而不是徒有虚名，那么那种精神将以无限种方式表现出来。在我们的国家中——有谁能怀疑？——有许多个人和社团正准备筹集资金和组织协会来帮助工人团体确保较好的工资，以有利的条件来建设他们自己的住宅。

贷方很难有较好的安全感，尤其是考虑到借方支付的少得可笑的地主地租。如果把为工人建设住宅的工作交给大力宣扬利己主义、攫取劳动成果的建设投机营造商，情况肯定是那样，这将是现在把资金存入银行，让那些"剥削"存款者的人把资金从那里取走的大型工人组织的错误之一。工人们想要控诉这种自投罗网的剥削，谈论由本阶级的执行机构来使全国土地和资本国有化是无济于事的，除非他们首先学会做那种不受重视的艰苦工作，组织男

---

① John Burns(1858～1943)，英国工会领袖和政治家。

女工人用他们自己的资金从事并不起眼的建筑工程——除非帮助他们在筹集资金方面做得比过去好得多，不是把资金浪费在罢工或者受雇于资本家去打击罢工者上，而是以公正、体面的方式保证他们自己和别人获得住宅和职业。现在的对付资本主义压迫的真正措施不是为没有工作而斗争，而是为真正的工作而斗争。对于后一种斗争，压迫者是无能为力的。如果劳工领导人把浪费在解散合作事业上的精力的一半用于组织合作事业，那么我们现在的不公正的制度就将结束。在田园城市，劳工领导人有广阔的天地来发挥准市政功能——帮助市政当局，但不由市政当局来做的功能——组成这种类型的建筑社团将是最具实效的。

但是建设 3 万人口城市的住宅所需的资金不是一笔巨款吗？有些我曾和他讨论过这个问题的人是这样看问题的。田园城市中有那么多的住宅，每幢住宅要几百镑，需要那么多的资金[1]。当然，这是对待这个问题的十分错误的方法。让我们来考查一下这个问题。最近十年来伦敦建了多少幢住宅？根据最粗略的推断，我们是否可以说有 15 万幢，平均每幢 300 镑——且不谈商店、工厂和仓库。好，那就是 4 500 万镑。为此筹集了 4 500 万镑，对吗？确实如此，否则这些住宅就建不起来。但是钱不是一次筹齐的，如果有人具体认识这些为建设 15 万幢住宅而筹集的金币，他会经常发现这些相同的钱币一次又一次地再现。在田园城市也是如此。共有 5 500 幢住宅，每幢且定为 300 镑，在竣工以前共需要 165 万镑。但是资金并不是一次筹齐的，在这里，同样一笔金币要比在伦敦更多次用于建设许多住宅。实际上钱

---

[1] 白金汉先生在《国家的弊病和可行的对策》(Mr. Buckingham, *National Evils and Practical Remedies*)中是这样说的，见第十章。

花掉了并没有失去或消费掉。只不过是过了手。一位田园城市的工人从一个准市政建筑社团借得200镑,用它建了一幢住宅。他为住宅花了200镑,就他来说,这200镑不见了,但是它们变成了建设他的住宅的制砖者、施工者、木匠、管匠、泥水匠等等的财产,然后,这些钱币以各自的途径进入与这些工匠有关的商人或其他人的口袋,再从那里进入城市的准市政银行。不久,同样是这200个金币可能又拿来用于建设另一幢住宅。我们在此专门描述了两幢住宅的实况。然后是第三、第四或更多幢住宅,每幢200镑,用200个金币建成[1],只不过没有再专门加以描述。当然,在任何情况下都没有用钱币来建设住宅。钱币只不过是价值的计量单位,像一副天平和砝码,可以一次又一次地使用而没有察觉得出的价值损失。建设住宅实际上是劳动、技术、事业心对免费的自然恩赐的加工;尽管每一位工匠可能得到按钱币衡量的报酬,田园城市中全部建筑和工程的费用必然主要取决于指挥劳动力的技巧和能力。只要把金银作为交换的媒介,就必须运用技巧,而且熟练地运用技巧具有非常重大的意义——就像在银行家的票据交换所中那样,所用的技巧,或者因无必要而不用,对于城市的造价和以所借资金的利息形式而征收的年度税有十分重要的影响。因此,施展技巧的目的在于使钱币能尽快实现计量一项价值的目的,并转而计量另一项价值——在一年之中要尽可能地周转多次,使每一枚钱币计量的劳动量尽可能地大。这样,尽管按所借钱币计算的利息是按通常的利率支付的,但是支付在劳动力上的利息量所占的比重却要尽可能小。如果这样做得很出色,那么社区在利息方面的节约就可能和较易

[1] 在一部叫做《工业生理学》(Mummery and Hobson, *The Physiology of Industry*, Macmillan & Co.)的佳作中非常详尽地阐明了类似观点。

论证的地主地租方面的节约一样大。

现在请读者注意，一个组织良好的向公有土地迁移的运动是如何令人羡慕地有助于节省使用钱财，并使一个钱币用于许多方面。俗话说，钱是“市场中的兴奋剂”。就像劳动力那样，看来令人迷惑不解，人们看到成百万的金银闲置在银行里，而银行门前的街道上却徘徊着身无分文的失业者。但是在田园城市的土地上，不会再听到愿意工作的人企求就业的徒劳呼声。仅仅昨天情况还是这样，但是今天这块昏睡的土地已经觉醒，大声地召唤着它的儿女[1]。工作——收入好的工作——并不难找，建设一座家园城市迫切地需要有人工作。一旦人们切望这样建设，随即不可避免地要建设其他城镇。向过去那种陈旧、拥挤、混乱的贫民窟城市迁移的情况将有效地停止，人流正好转到了相反的方向——迁入明朗、愉快、完善而美丽的新城镇。

---

〔1〕 下院议员鲍尔弗①谈到向城市的迁移：“毫无疑问，在农业贫困时，向城市的迁移必然增加，但是任何议员都不要以为，如果现在的农业像二十年前一样繁荣，或者像梦幻中的最伟大梦幻家所作的梦那样，你就有可能停止来自农村的迁移。迁移取决于那种我们不可能通过任何法律使它永远改变的原因和自然法则。显而易见的事实是，在农业地区资金可能只有一种投资对象，劳动力只有一种就业方式。当农业繁荣兴旺时，向城市的迁移无疑会减少；然而繁荣的农业可能必然会达到一个正常点，到那时，土地不可能再投入更多的资金和劳动力。当你达到那个点，如果婚姻的频率和现在一样，如果家庭的规模和现在一样，那就必然出现从乡村向城市的迁移，从只有一种直接受土地自然容量限制的劳动就业的地方，迁往除了受寻求投放的资金的限制，以及受能利用这些资金的劳动力数量的限制外，劳动就业没有任何限制的地方。如果这是一种深奥的政治经济学说，我就不敢在下院里发表了，因为政治经济学在这里已成为笑柄和丢人的东西。但是，这实际上是对一种自然法则的质朴陈述，我诚挚地奉劝诸位认真对待。”——1893 年 12 月 12 日《议会辩论》(*Parliamentary Debates*)

① Arthur James Balfour(1848～1930)，英国首相(1902～1905)和外交大臣(1916～1919)。保守党领导人之一。

译　　注

图题:图 5　行政机构图解

本图原载于 1898 年版题为"行政管理——鸟瞰"的一章中,该章共 2 页。本图打算概述第六至八章中有关的行政管理工作。被删除的这一章叙述了受第七章的当地人民抉择调节的半市营机构的活动,并把准市政组织的事业说成是"很少受田园城市当局规定条件限制的……由一批勤奋而不取报酬的工作人员掌管的仁爱工作”。

圆心：中央议会

内三圈：各市政组织

公共管理组织：法律、检查、税务、财政

社会目标组织：音乐、图书馆、学校、浴室、游憩

工程组织：道路、地下管线、污水、有轨电车、铁路、公共建筑、公园、排水、运河、灌溉、供水、动力、照明、通讯

外三圈：

半市营组织：大拱廊(商店)、肉市、鱼市、果菜市、煤市

准市政组织：建筑社团、农学院、医院、收容所、教堂、癫痫病人农场、夏令营、技术学校、银行

合作社和私营组织：小块租地、自留地、工厂、作坊、俱乐部、住宅、洗衣店、乳制品店、奶牛场、大农场、小农场

第九章　预计到的困难

“经常有人和瓦特商量设想中的发明和发现，他始终不渝的答复是，应该做一个模型进行试验。他认为这是测试机械学中任何创新的价值的唯一可靠方法。”

——《时代纪实》(*Book of Days*)

“自私和爱争吵的人不会团结，没有团结则一事无成。”

——达尔文：《人类的起源》(Charles Darwin, *Descent of Man*, 1871年)

“共产主义，甚至任何完善的社会主义的困难在于，它妨碍了人类从多方面的本质提出要求并力争满足这些要求的自由。它保证所有的人有面包，但是也许它忽视了这一论点：人类并不单靠面包生活。将来也许属于那些不把社会主义和个人主义彼此对立起来的人，属于那些把争取实现具有真实、生动、有机概念的社会和国家的人，在那种社会和国家中，个人主义和社会主义各得其所。为文明人带来好运的呼声将会在无政府主义的惊涛和专制主义的骇浪之间指出一条平坦的道路。”

——1894年7月2日《每日纪事报》(*Daily Chronicle*)

在具体而不是抽象地陈述了我们方案的目标和意图以后，现在也许应该简单地谈谈读者思想中可能出现的异议："你的方案可能很有吸引力，但它只不过是大量方案中的一个，许多这类方案已经试过，很少取得成功。你怎能把它和那些方案相区别？鉴于那些方案失败的记录，你是否能保证取得广大群众的支持？这种支持在这个方案能付诸实施之前是必不可少的。"

这个问题是很自然的，需要有一个答案。我的答复是：的确，在通向较好社会状态的试验道路上到处都是失败。但是，正因为是试验的道路，取得任何结果都是值得的。总的说来，失败是成功之母。正如沃德夫人在《罗伯特·埃尔斯默雷》[①]中指出的："所有伟大的变化都以大量的偶然事件为先导，如局外人的思想、断断续续的努力。"成功的发明和发现通常是缓慢成长的，新的因素被补充，旧的因素被驱除，先在发明者的思想之中，然后是其外在表现，直到最后正确的因素恰到好处地结合在一起，别无他途。的确，可以有把握地说，如果你发现许多人连续多年地从事一系列试验，最后终将得到许多人曾为之勤奋探索的结果。持之以恒的努力，尽管遭遇失败和挫折，却是全面成功的先导。凡是希望获得成功的人，只要遵循一个条件，就可能变过去的挫折为将来的胜利。他必须利用过去的经验，致力于对前人成果的去伪存真。

详尽无遗地介绍社会试验的历史将超越本书的范围；但是应该指出一些主要特征，以便探讨本章所述的异议。

---

① Mrs. Humphry Ward (1851～1920)，英国小说家，《罗伯特·埃尔斯默雷》(*Robert Elsmere*)是她的成名作品。

也许过去的社会试验失败的主要原因在于对问题的主要因素——人类自身的本质——看法不对。那些试图提出社会组织新形式的人没有充分考虑到利他主义气质在一般人类本质中所起的作用。把一种行动原则看成是和其他行动原则不相容的，就导致一种类似的错误。以共产主义为例，共产主义是一种最出色的原则，从某种程度上说，我们每一个人都是共产主义者，甚至包括那些对之闻风丧胆的人。因为我们都信赖社会公有的道路、社会公有的公园或社会公有的图书馆。但是，尽管共产主义是一个最出色的原则，个人主义也并非不善。以优美的音乐使我们神魂颠倒的大型交响乐队是由那些通常不仅集体演奏，而且单独练习，并靠他们自己的演奏给自己和朋友带来快乐的男女组成的。相对来说，交响乐队可能是较小的成就。不仅如此，而且如果要保证取得最佳的联合成果，孤独的、个人的思想和行动是必不可少的，就像如果要取得最佳的孤独努力的成果，联合和合作是必不可少的一样。靠孤独的思想能产生出新的合作；通过学习协作的成就能做出最佳的个人作品。把最自由和最丰富的机会同等地提供给个人努力和集体努力的社会将证明是最健康而朝气蓬勃的。

现在难道不能把共产主义的全部试验的失败主要归因于他们不了解原则的双重性，而且在过分依靠一个本身极好的原则上走得太远吗？他们设想，由于公有财产是好的，所有的财产都应该公有；由于协作努力能产生奇迹，个人努力就被视为畏途，或者至少视为无益，某些极端主义者甚至想完全消灭家族或家庭的概念。读者是不会把这里提倡的试验和任何绝对的共产主义试验混为一谈的。

这个试验也不能看作为社会主义试验。社会主义者可能被认为是较温和的共产主义者，他们主张土地以及所有生产、销售、交换的手段公有——铁路、机器、工厂、码头、银行等等；但是他们保留了以工资形式付给社区雇员的东西的私有原则，附带条件是这些工资不得用于有组织的创造性工作，包括雇用一个以上的人；因为社会主义者坚决主张，目的在于取得报酬的各种形式的雇用都应该在某些政府承认的部门控制之下，这是被认为严格垄断的。但是非常可疑的是，这个在一定程度上承认人类本质的社会主义原则是否能成为一项顺利进行并希望永远成功的试验基础。看来它面临着两个主要困难。第一，人类的自我追求——这是经常会产生的欲望，目的在于为自己的使用和享受而占有；第二，热爱独立和创造，怀有个人志向，从而不愿在整个工作日把自己置于别人的管辖之下，而很少有一点独自行动的机会，或者在创建新型事业中处于主导地位的机会。

现在，即使我们不考虑第一个困难——人类的自我追求——甚至假设我们有了一个男女团体，这个团体已经认识到协调一致的社会努力在向社区每个成员提供适用商品方面要比普通的竞争方法——各人为自己奋斗——取得好得多的结果——我们仍然存在另一个困难，来自那些组织起来的男女的更高级的而不是更低级的本质——热爱独立和创造。人类热爱集体努力，但是他们也热爱个人努力，他们不会满足于在一个严格的社会主义社区中允许做的那一点点个人努力的机会。人类并不反对在能者的领导下组织起来，但是有些人也想成为领袖，在组织工作中占有自己的地位；他们喜欢领导别人也喜欢被别人领导。此外，很易想象，人类充满着一种欲望，那就是按当时社区，作为一个整体来说，还不意识到其优点的某种方法为社区服务，而社会主义的国家机构会阻碍他把他的设想付诸实施。

现在，正是在这一点上，一个在托波洛班波（Topolobampo）进行的极有趣的试验失败了。这个试验由一位美国土木工程师 A. K. 欧文先生（Mr. A. K. Owen）发起，在墨西哥政府特许的一片极大的土地上开始。欧文先生采用的一条原则是"所有雇用事宜都必须通过地方产业多样化部（Department for the Diversity of Home Industries）来进行。一个成员不得直接雇用另一个成员，只能通过社区来雇用成员。"[1]换句话说，如果甲和乙对这种管理方式不满，无论是由于怀疑社区是否有这种权利或是否公正，他们都不能商定在一起工作，即使他们唯一的愿望是为大家好；他们必须离开这个社区。结果，大批人因此离去。

正是在这一点上托波洛班波试验和本书提倡的方案之间有着明显的重大区别。托波洛班波的组织宣称对全部生产工作实行垄断，每一个成员都必须在控制这种垄断的人的指导下工作，否则必须离开该组织。田园城市没有宣告过这种垄断。在田园城市，对管理城市事务的公共行政机关的任何不满都无须导致比其他城市更严重的普遍分裂。显然，至少在开始，大部分要做的工作或多或少地要靠私人或私人的联合体，而不是市政公务人员来做，就像目前任何其他城市一样；与其他组织管辖的工作相比，市政工作的范

〔1〕 A. K. Owen, *Integral Co-operation at Work*（U. S. Book Co.，150 Worth St.，N. Y.，1885）.

围仍然是很窄的。

某些社会试验失败的另一些原因是由于迁移者在到达将来的劳动现场以前开销巨大、远离任何大市场以及难以预料那里的一般生活与劳动条件的实况引起的。能够得到的一大优点——便宜的土地——看来根本不足以补偿这些和其他方面的缺点。

也许我们现在即将涉及本书提倡的方案与迄今提倡过或已经付诸实施的大多数其他类似方案的主要区别。这个区别就是：其他方案力求把尚未组成小团体的个人，或者在参加大组织时必须脱离小团体的个人，结合成一个大组织；我的设想是不仅要求个人，也要求合作社员、制造商、慈善社团和其他方面都能取得建立组织的经验，并靠由他们自己控制的各种组织使他们处于没有新的限制却能保证更多自由的条件之下。而且，这个方案的显著特征是，原来就在这块土地上的大量人口（除了那些在城镇位置上的人要逐步搬迁外）不必搬迁，但是这些人自己将组成一个有意义的核心，从这项事业的开始就缴纳地租，其金额将大大有助于支付购地贷款的利息——他们将宁愿把地租缴纳给一个对待他们完全平等、为他们的产品带来门前消费者的地产主。因此，组织工作在很大程度上完成了。组成田园城市的大军是现成的，他们只待动员，我们无须与无纪律的乌合之众打交道。或者可以说，这项试验与那些过去的试验相比犹如两台机器——一台要从各种矿石加工做起，先要采集矿石，然后浇铸成形，而另一台的所有部件就在手边，只待组装在一起。

第十章　各种主张的巧妙组合

“现在条件下的人类，犹如离巢的蜂群，成团地缠抱着一个树杈。它们的位置是暂时的，必然要改变的。它们必须起飞为自己寻找新住处。每一只蜜蜂都知道这一点，并切望移动自己的位置，别的蜜蜂也是如此，但是没有一只这样做，除非成群起飞。蜜蜂不能起飞，因为一只蜜蜂死抱着另一只蜜蜂，以免自己脱离蜂群。就这样，它们继续悬挂着。看来，它们似乎不能从这种处境下解脱出来。说得确切些，就像世界上的人类被纠缠在社会罗网之中。的确，如果每一只蜜蜂不是一个拥有一对翅膀的有生之物，它们就不会有出路。如果每一个人不是一个拥有领悟文明人生活概念能力的有生之人，人类也不会有任何出路。倘若在这些会飞的蜜蜂之中找不到一个愿意起飞的，蜂群就永远不会改变处境。人类也是如此。如果领悟到文明人生活概念的人在他着手按此生活以前等待别人，人类将永远不会改变其现状。把缠成一团的蜜蜂变成一个飞翔的蜂群所需的仅是一只蜜蜂展开双翅飞去，然后第二只、第三只、第十只和第一百只将照此行动；因此，破除社会生活的紧箍咒，从这种似乎绝望的境遇中解放出来，所需的仅是一个人应该从文明人的立场观察生活，并开始以此安排他的生活，于是，其他人将踏着他的步伐前进。”

——列·托尔斯泰：《天国在你心中》(*The Kingdom of God Is within You*,1893)

在上一章中，我指出了本书摆在读者面前的方案和某些经过考验而以灾难告终的方案之间的重大原则区别。我坚决认为，我所建议的试验具有完全不同于那些未成功方案的特征；认为那些方案象征着推行这一试验可能得到的后果是不公正的。

我现在的建议表明，尽管从总体来说这个方案是新的，而且可以因此标榜某些考虑也是新的。但是请公众注意的主要事实是，它组合了不同时期提出的若干方案的重要特征，保持了那些方案的最好结果，而没有有时(即使是在它们的作者头脑中的)显而易见的危险和困难。

简单地说，我的方案组合了三个不同方案，我想，在此以前它们还从来没有被组合过。那就是：(1)韦克菲尔德[1]和马歇尔教授(Alfred Marshall)提出的有组织的人口迁移运动；(2)首先由斯彭斯[2]提出，然后由斯宾塞先生[3]做重大修改的土地使用体制；(3)白

① Edward Gibbon Wakefield(1796～1862)，英国殖民问题政治家。

② Thomas Spence(1750～1814)，英国耕地社会主义者。

③ Herbert Spencer(1820～1903)，英国社会学家、不可知论者、唯心主义哲学家。

金汉[①]的模范城市[1]。

让我们按提名的先后顺序谈谈这些主张。韦克菲尔德在他的《开拓殖民地的艺术》(*Art of Colonization*, J. W. Parker, London, 1849)中提出在组成殖民地时——他没有想到本乡本土的殖民地——应该以科学的原则为基础。他说(P. 109):“我们向殖民地派遣的是没有头腹的四肢,一批穷人,其中许多人不过是乞丐,甚至是罪犯;殖民地由社区的单一阶层的人组成,其中许多人无助于和不足以使我们国家的性格永垂不朽,并成为一个其思想习惯和感觉习惯将与我们在家乡同样珍视的习惯相一致的民族的祖先。相反,古代人派遣的是一个祖国的代表团——来自各阶层的殖民地开拓者。现代殖民地犹如在农场种匍匐植物和攀缘植物,而没有任何根深蒂固的乔木让它们缠绕。犹如一块没有支柱的啤酒花地,间或攀缠在蓟草和毒芹丛之上。古代人首先任命殖民地有威望的领导部门的官员或领导者,即使他不是原国家主要负责人的话也是主要负责人之一,就像蜂王领导工蜂那样。君主制派遣皇族的亲王;贵族制派遣精选的贵族;民主制派遣最有影响的公民。

① James Silk Buckingham(1786～1855),英国作家和规划理论家。他设想的模范城市维多利亚(Victoria)占地1 000英亩,位处1万英亩乡村地区的中心,呈方形,富人住在城市中心,穷人住在外围,接近工厂。

〔1〕 也许我应该指出,情况表明,人类在探索真理过程中的思想是如何同出一辙。也许正如为了使这里所组合的各种主张更趋合理而提出的其他论点一样,在我的方案相当成熟以前,我既没有见过马歇尔教授或韦克菲尔德的建议(除了在J. S. 米尔[②]的《政治经济学要义》(*Elements of Political Economy*)中见过很小一段有关后者的论述外),也没有见过白金汉的著作,他的著作是在将近五十年前发表的,看来很少引起注意。

② John Stuart Mill(1806～1873),英国经济学家和哲学家。

这些人自然而然地要随身带领一些他们身边的人——他们的同事和朋友，还有一些介于他们和最下阶层之间的贴身侍从，而且各方面都鼓励这样做。最下阶层也会欣然相从，因为他们感到自己是和自己生活过的社会环境一起迁移，不是被撵走。这是他们出生并抚育他们的同一个社会、政治集体；为了防止造成任何相反的印象，可以看到在改变异教信仰习俗方面采取了最慎重的态度。他们随身带去他们的上帝、他们的节日、他们的游戏——总而言之保持所有的一切，维持祖国原有的社会结构。背井离乡的群众心目中的任何东西都不会遗漏。新殖民地看上去似乎是时间或机遇把整个社区变小了，为现有的成员提供了与原来基本相同的家园和国家。它由各阶层成员的普遍贡献所构成，因而它的第一个居民点就是一个成熟的国家，拥有使它前进的一切因素。这是一次人口的迁移，因此不会引起被贬黜的感觉，殖民地开拓者似乎是从社区的高层到低层延伸出来的。"[1]

J. S. 米尔在他的《政治经济学要义》第一卷第八章第三节中谈到这部著作："韦克菲尔德的殖民地开拓理论引起广泛注意，无疑注定要引起更多人的注意。……他的体制包括，从一开始就保证每一个殖民地的城市人口与农业人口保持适当比例，因而土地耕作者不致到处分散以致因远离城市居民而丧失他们的产品市场。"

马歇尔教授建议有组织地把人口从伦敦迁出的运动已经谈

[1] 霍华德把这一段话误当作韦克菲尔德的。后者在《开拓殖民地的艺术》中引用的是《论二次打击的思想》(Dr. Hind(Dean of Carlisle), *Thoughts on Secondary Punishment*, 1832)的附录。当然这与韦克菲尔德的用平衡的迁移者团体来开拓澳大利亚和新西兰殖民地的主张是一致的。——编者

过[1]，但是可能还有必要引用有关文章的如下段落：

“可能有各种方法，但是也许要为一个不论是否专门为此组成的委员会制定一个总体规划方案，使他们自己有兴趣在远离伦敦烟雾范围的某个地方组成一个殖民地。当他们在那里设法建设或购买合适的农舍以后，他们将开始与一些低工资劳动力雇主联系。首先，他们要选择使用固定资金不多的行业；幸而正如我们见过的那样，大多数必须迁移的行业都属这一类。他们要寻找一位真正关心雇员痛苦的雇主——必然有许多这样的雇主。在他的指导下和他一起工作，他们就会使他们自己成为被该行业雇用或者适合被雇用的群众的朋友；他们将向这些群众表明迁移的好处，并出钱、出主意，帮助他们迁移。他们要有组织地辞退工作和分配工作，雇主可能在殖民地开设一个代理机构。但是一旦开始，就应该自负盈亏，因为经营费用，甚至包括雇员有时受训的费用，要少于节省下来的地租——无论如何要足以维持田园生产。也许最大的收获是消除酗酒的诱因所带来的节约，这种诱因起源于伦敦的忧伤。起初，他们会遇到不少消极抵抗。陌生使所有的人恐惧，但主要是使那些失去天然动力的人恐惧。那些经常住在伦敦大杂院朦胧之中的人可能对自由之光退缩；熟悉家乡贫困的人可能怕到举目无亲的地方去。但是经过耐心的说服，委员会将推行他们的方法，力争把那些彼此相识的人迁在一起，用温暖细致的同情，消除对第一次变化的寒战。这只是工作的第一步，以后的每一步就会容易了。有时可以把若干企业的不同行业的工作一起迁移。这样就会逐步形成一个

[1] 见第三章第27页。

繁荣的工业区，仅仅出于自身的利益就会促使雇主们拆迁他们的主要车间，甚至在殖民地开设整座工厂。最终大家都会受益，但是主要受益者是土地所有者和与殖民地相通的铁路。”[1]

还有什么能比引自马歇尔教授建议的最后一句话更有力地表明首先必须买地，以便实施斯彭斯最令人羡慕的方案，并因此避免马歇尔教授预见到的可怕的地租上涨呢？斯彭斯的建议在100多年以前就提出如何从一开始就保证取得满意的结局。那就是：

“然后你可以看到，群众缴纳给教区金库的地租由每一个教区用来支付经议会或国会批准的规定数量的政府支出；扶养和救济本教区的贫民和失业者；支付必要数量官员的薪金；建造、修理和装饰房屋、桥梁和其他构筑物；修筑和维护便捷而令人愉快的街道、公路以及步行和车行小径；修筑和维护运河和其他贸易、航运设施；建立垃圾场并运送垃圾；设置奖金，鼓励农业或其他被认为值得鼓励的事业；总之，做群众认为合适的事，而不是像过去那样用来助长奢侈、傲慢等各种恶习。……除了每个人根据占用土地的数量、质量和方便程度缴纳给教区的上述地租外，他们中的本国人或外国人都不必支付任何形式的捐税。政府、贫民、道路等等……都靠地租来维持，因此，所有的仓库业、制造业、可允许的商业雇用和商业活动都是免税的。”（引自1775年11月8日在纽卡斯尔(Newcastle)哲学社(Philosophical Society)上宣读的讲稿。哲学社惠允作者付印。）

---

[1] 一个伦敦大制造商计划把他的车间从伦敦东端迁移到乡村，这是一本由玛丽安·法宁盖姆撰写的题为《1900年?》(Marianne Farningham, *Nineteen Hundred?* London, 1892)小说的主题。

可以看到，这个建议和本书提出的土地改革建议的唯一区别，不是体制上的而是开创方法上的(也是非常重要的)区别。斯彭斯似乎认为靠一项法令人民就会废除现有的所有制，立即建立新体制并遍及全国；而本书则建议购买必要的土地，用它在小规模上建立新体制，靠该体制的固有优点使它逐步被人们接受。

在斯彭斯提出他的建议70多年以后，斯宾塞先生(在他第一次拟定重大原则，即作为普遍平等自由法则的必然结果，所有的人都同等有权使用土地以后)在讨论这个主题时，以其惯有的说服力和清晰口齿谈到：

"但是人类同等有权使用土地的学说会导致什么结果呢？难道必须回到无边的荒野，以草根、浆果、猎物为生的时代吗？或者我们要置于傅立叶[1]、欧文[2]、路易·布朗[3]股份公司的管辖之下？都不是。这种学说是与最高文明相一致的，按现在的安排，可以在一个社区实现不要商品，而不必导致严重的革命。这种变化只要求改变地产主。把分散的所有权合并成公共的合股所有制。国家不是归私人所有，而是由大的社团机构——社会——来掌握。农民不是向孤立的业主而是向国家租得田地。他不是向约翰爵士和格雷斯陛下的代理人而是向社区的代理人或间接代理人缴纳地租。服务人员是公务人员而不是私人，租佃是占有土地的唯一方式。这样安排事物的国家将完全符合道德规范。在这个国家中，所有的人都是平等的地产主；所有的人都能同等自由地成为承租

① Charles Fourier(1772～1837)，法国空想社会主义者。

② Robert Owen(1771～1858)，英国空想社会主义者。

③ Louis Blanc(1811～1882)，法国小资产阶级社会主义者，历史学家。

人。和现在一样，A、B、C 和其他人都可争取占用一个未被占用的农场，但不得以任何方式违反完全平等的原则。所有的人都可以同等自由投标，所有的人都可以同等自由解约。当农场已经租给了 A、B 或 C，所有的参加者都可自愿行事，一个人愿意为使用一些土地向他的同伙支付给定数量的金钱——另一些人不愿付这笔钱。因此明确地说，根据这一体制，可以在完全遵守同等自由法则的情况下围圈、占用和耕种土地。”(《社会静力学》(*Social Statics*)，第九章第八节)

但是在一段时间以后，斯宾塞先生发现他所建议的方法存在两大困难，就无条件地收回了这一建议。第一个困难是他认为国家所有制必然会带来各种弊端(见《公正论》(*Justice*)1891 年版，附录 B，p. 290)；第二个困难是他认为一开始不可能在既公平对待现有土地所有者又对社区有利的情况下获得土地。

但是，如果读者考查一下先于斯宾塞现在收回的方案的斯彭斯方案，他就会看到斯彭斯方案(正如这本小书中提出的方案一样)完全不会导致国家控制的缺陷[1]。根据斯彭斯的建议，和我的方案一样，地租不是由与群众毫无接触的中央政府来征收，而是由群众居住的教区(在我的方案中是市政当局)来征收。至于反映在斯宾塞先生头脑中的另一个困难——既要按公平的条件获得土地，还要使购地者有利可图——看来他无法解脱这一困难，就草率地下了不能解决的结论——我的建议可以使这个困难完全消除；

[1] 然而斯宾塞先生似乎也指责他自己的关于国家控制天生就不好的理论，他说：“根据国家在任何情况下性质都一样的假设得出的政治推测，必然最终成为彻底的错误结论。”

购买耕地或荒地，按斯彭斯提倡的方式出租，然后推行韦克菲尔德和马歇尔教授提倡的（后者尽管有些不够大胆）科学迁移运动。

肯定地说，把斯宾塞先生一直称为“绝对合乎道德的宣言”——所有的人有同等权利使用土地——带入现实生活领域，并且使它成为其信徒可以亲手实现的方案，必然是公众的最重要事件之一。当一位伟大的哲学家实际上说，我们不可能使我们的生活遵循最高道德准则，因为人类在过去已经为我们设置了一个不道德的基础，但是“倘若，人们拥有形成当前社会行为准则的道德情操，而立足于一块尚未被私人分割的土地上，他们就会像宣称有权平等地占有阳光和空气那样，毫不含糊地宣称，有权平等地占有土地。”[1]——生活似乎就是那么矛盾——人们不禁希望有不期而遇的机会迁往一个充满“形成当前社会行为准则的道德情操”的新星球。但是，只要我们真心实意，就不必要有一个新星球，或者“一块尚未被私人分割的土地”；因为我们已经看到，一个有组织的迁移运动，从过度开发和地价昂贵的地方迁往相对未开发和未被占用的地方，可以使那些愿意这样生活的人，今生享有同等的自由和机会；于是，在我的脑海中就逐步意识到，在地球上建立一种既有秩序又有自由的生活的可能性。

我把斯彭斯和斯宾塞建议，韦克菲尔德和马歇尔教授建议组合在一起的第三个建议包含白金汉方案的一个重要特征[2]，

---

〔1〕《公正论》第十一章，第 85 页。

〔2〕白金汉方案发表在一本名为《国家的弊病和实用的对策》（*National Evils and Practical Remedies*）著作之中，约在 1849 年由 Peter Jackson，St. Martins le Grand 出版。

然而我故意删除了该方案的其他重要特征。白金汉先生说(p.25):“因此我的思想集中在现在所有城市的重大缺陷以及至少有必要组成一个能避免那些缺陷的最突出部分并代之以任何城市尚未具有的优点的模范城市上,别无其他。”他在他的著作中展示了一个大约1 000英亩、拥有2.5万人、被大片农业用地环绕的城市的粗略方案和草图。和韦克菲尔德一样,白金汉看到了把农业社区和工业社区结合起来所带来的巨大优势,他确信:“在任何可行的地方,农业劳动和工业劳动就如此混合起来,各种组织和原料也就如此协调地汇集起来,从而能经常在彼此之间交替劳动,使人感到愉快并免除那种不断从事单一职业往往引起的沉闷和疲倦,况且多样化的职业比任何单一职业都更有利于智力和体力的发展。”

虽然这个方案在这些方面简直就像是我的,但它仍是一个不同的方案。正如白金汉所想的那样,他把社会的弊病归因于竞争、酗酒和战争:他建议组成一个全面合作的体制来消灭竞争,用严格禁酒来根除酗酒,用绝对禁止火药来制止战争。他建议组成一个资本为400万镑的大公司;购买一大块土地,并建设教堂、学校、工厂、仓库、食堂和年租金为30～300镑的住宅;并从事各种农业或工业生产活动,犹如一个包罗万象的大事业,不允许有竞争者。

现在可以看到,虽然从外表看白金汉方案和我的方案都描述了一个建在一大块农业用地上的模范城市的相同特征。可以健康、自然地务工和务农,然而两个社区的内部生活却完全不同——田园城市的居民享有自由联合的充分权利,有极多样化的个人的和协作的工作和努力成果，而白金汉的城市成员被放在一起，受到固定不变的组织的束缚，那里可能毫无出路，除非离开这个团体或者把它分成若干部分。

现在把本章归纳如下。我的建议就是，应该诚挚地去组织一个从过分拥挤的中心向稀疏散落的乡村地区迁移的运动；不要把群众的思想搅乱，或者把组织者的精力消耗在过早使这项工作在全国的实施上，而要把主要思想和注意力首先集中于一项运动，其规模要足以引起注意和富有成果；（通过在运动开始以前的适当安排）向迁居者保证，因他们的迁移而带来的一切地价增值将归他们所有；这一工作将通过建立一个组织来实现，这个组织允许其成员从事他们自己看来合适的事（只要他们不侵犯别人的权利），并收取全部“税租”，把它们用于迁移运动认为必要或有利的市政工程——这样就不必征收地方税，或者至少大大减少了任何强制征税的必要性。这种极好的机会是由下列事实造成的：在选定的土地上只有少量建筑物或工程设施，能以最圆满的方式加以利用；在设计上考虑到，随着田园城市的成长，大自然的免费馈赠——新鲜空气、阳光、呼吸空间和游戏空间——仍将留有足够需要的数量；在使用现代科学成果上使技艺可以补充自然，从而使生活变得永远愉快幸福。还应该着重指出，这个方案虽然还不完善，但不是在不眠之夜出自一个狂热者发热的头脑，而是出自一个认真研究许多才智和坚韧剖析许多重要精髓为起点的人，这些工作带来一些有价值的素材，当时机成熟，再用最细致的技巧把这些素材组成一个有效的组合体。

第十一章　遵循的道路

“一个人怎样才能认识自己？不是靠反省，唯有看行动。看你尽责任的态度，便知你内心如何。然而什么是你的责任？当前的需要。”

——歌德

为了说明问题，请读者暂且假设我们的田园城市试验已经顺利开展并取得明显成功。而且，借助于它在改革道路上的启示，大致想一想这一实例教育在社会上必然会产生的一些重要影响。然后，我们将尽力描述一些有关今后发展的主要特征。

和任何时期一样，今天人类的和社会的最大需要是：一个有价值的目标和实现它的机会；工作和值得为之工作的成果。无论何人，无论他将成为什么人，都归结于他的抱负，对于这一点，社会和个人都一样。现在我敢于摆在我国人民和别国人民面前的结论，也同样是这样崇高和恰当的。那就是，他们应该立即为那些目前居住在拥挤而充满贫民窟的城市中的人民建立美丽的家园城镇群，每个城镇环绕着田园。我们已看到其中之一是怎样可能建设的；现在让我们再看一看，一旦发现了改革的真正道路，只要持之以恒，就会怎样使社会进入一个比曾经梦寐以求的境界更高的境界，尽管勇于进取的人曾多次预言过这种未来。

在过去，发明和发现曾经使社会突然跃进到一个新的较高的现实水平。蒸气的利用——这是一种认识已久但有点难以驾驭的力量——造成巨大的变化；而发现一种能激发出远比蒸气更大力量的方法——使长期受抑制的、在现实土地上实现美好而高尚的社会生活的愿望得以实现——将会造成更令人注目的变化。

我们提倡的这一试验的圆满成果会带来什么明显的经济现实呢？那就是：通过创造新的财富形式（wealth forms），可以有一条广阔的道路通向新的产业体制，在这个体制中社会的和自然的生产力可以远比现在更为有效地加以利用，而且，这样创造的财富形式将在远为公正和平等的基础上分配。社会可以有更多的东西分给它的成员，与此同时，也有较多的红利可以按公正的方式分配。

大体上说，产业改革家可以分为两大阵营。第一阵营的成员鼓吹：最重要的是始终关注增加生产的必要性；第二阵营的成员认为：他们的既定目标在于更公正、平等地分配。实际上，前者不断地说："增加全国的红利，一切都会好起来"；后者说："全国有足够的红利，问题在于公平分配。"前者多属个人主义者，后者多属社会主义者。

我将引用鲍尔弗先生[①] 1894 年 11 月 14 日在保守党社团全国联合会（National Union of Conservative Associations）的一次会议上的讲话作为前一种观点的代表："就社会重大问题的实质而言，那些把社会说成似乎是由为瓜分总产品而争论的两部分人组成的

① 见第 73 页译者脚注。

人是完全错误的。我们必须考虑，国家的产品并不是一个固定量，雇主多得雇员就会少得，或者雇员多得雇主就会少得。我国劳动阶级的真正问题主要的或基本的并不是一个分配问题，而是一个生产问题。”后一种观点的代表是：“在一定程度上，不抑制富者的增长而提高赤贫者的想法显然是荒谬的。”〔1〕

我已经表明，而且我希望重申这一论点，那就是有一条个人主义者和社会主义者迟早都必然要走的道路。因为我已经非常明确地指出，在一个小范围内社会很可能变得比现在更个人主义——如果个人主义意味着社会成员有充分和自由的机会按意愿行事、按意愿生产、自由结成社团；同时社会也可能变得更社会主义——如果社会主义意味着是一种生活状态，在这种状态下社区福利得到保证，集体精神表现为广泛的市政成就。为了实现这些合乎理想的目标，我取两种改革家之所长，并且用一条切合实际的线把它们拴在一起。仅仅鼓吹增加生产的必要性是不够的，我已表明如何使它得以实现。而另一个同样重要的目标——更公平地分配——正如我已表明的那样，也是完全可能实现的，而且不会引起敌对、斗争或苦难；根本就无须革命性立法，也不必直接侵犯既得利益集团。因而我所说的两种改革家的愿望都是可能实现的。简而言之，我已遵照了罗斯伯里勋爵①的建议，“向社会主义借用了共同努力的大概念和城市生活的积极概念，向个人主义借用了保护自尊和自主”，而且通过具体解说，我想我已驳斥了B. 基德先

---

〔1〕 Frank Fairman, *Principles of Socialism Made Plain*(London, 1888)。

① 见第3页译者脚注。

生[①]在他的名著《社会进化》(*Social Evolution*)中的基本论点:"社会有机体的利益和组成社会的各个个人的利益在任何特定时间实际上都是敌对的,从来不可能一致,天生本质是不可调和的。"

在我看来,大多数社会主义作者们显得过分渴望占有旧的财富形式,不是向财富所有者赎买,就是向他们征税,他们似乎很少想到较正确的方法是创造新的财富形式,而且是在较公正的条件下创造。但是,有了后一种想法应该随即认识到大多数财富形式都只是暂时的;几乎所有的物质财富形式,除了我们生活的行星和自然元素以外,都是非常短暂而易于损坏的,经济学作者对于这一真理是再清楚不过的了。例如 J. S. 米尔[②]在《政治经济学要义》第一卷第五章中说:"英国现存的大部分财产价值都是由人类的双手在最近十二个月之内创造出来的。在那些巨大的财富之中,只有很少一部分是十年前就有的。在我国现有的生产资本中,除了农业用房、工厂用房以及少数船只和机器外,几乎都是如此。即使是这些东西,如果在那期间没有雇用新的劳动力对它们加以维修,在大多数情况下也不会存在得那么久。土地依然存在,但土地几乎是唯一依然存在的东西。"当然,社会主义伟大运动的领导人们完全了解这一点;然而当他们讨论改革方法时,这个很起码的真理似乎从他们的脑子里消失了,他们看上去急于占有现有的财富形式,似乎他们认为它们都具有真正最终的永恒性。

但是,当人们了解到这些社会主义作者正是那些坚决认为现

---

① Benjamin Kidd(1858～1916),英国社会哲学家。《社会进化》发表于 1894 年。

② 见第 84 页译者脚注。

存的大部分财富形式实际上根本不是财富——而是"恶兆"，任何形式的社会只要向它们的理想前进一步就必须抛弃这些财富形式，创造新的财富形式时，他们这种自相矛盾的行为就更加惊人。不仅自相矛盾，而且确实令人大吃一惊，他们显得贪婪地想拥有那些不仅会迅速消失而且在他们看来绝对无用或有害的财富形式。

例如H.M.海因德曼先生[①]于1893年3月29日在民主俱乐部(Democratic Club)发表的讲话中说："当现在所谓的个人主义不可避免地被打倒以后，他们最好能系统地描绘和阐明他们希望看到付诸实施的社会主义思想。作为社会主义者他们肯定要做的第一批事情之一将是使拥挤城市的庞大中心人口减少。他们的大城市不再会有大量农业人口来补充，也不再会有由于食物低劣和不足、大气污染以及其他不卫生条件，使城市居民的体格在体质上和生理上迅速恶化。"但是，说得明确些，难道海因德曼先生没有看见，为了争取获得现有的财富形式，他选错了攻击目标？如果将来发生什么事情要把伦敦的全部人口或大部分人口迁往别处，难道不该想一想，当伦敦的行政问题和改革问题，正如我们很快就能发现的那样，显得有点令人寒心时，我们为什么不能现在就促使大量人口自动外迁呢？

在一本非常畅销的小书《梅里·英格兰》(*Merrie England*)中也能看到类似的矛盾。作者"纳恩夸姆"(Nunquam)〔1〕在一开始就谈到："我们必须考虑的问题是：给定一个国家和一个民族，看看

① Henry Mayers Hyndman(1842～1921)，英国社会主义者，是宣传马克思主义的早期人物之一。

〔1〕 Robert Blatchford.

这个民族是如何妥善处理国家和他们自己的。”然后，他就开始强烈谴责我们的城市，房屋丑陋，街道狭窄，缺乏花园，并强调户外工作的好处。他谴责工厂制，并说：“我要使人们去种植小麦和水果，并饲养供我们自己消费的家畜、家禽。然后我要发展渔业，并建设大的鱼类繁殖湖、港。然后我要把我们的矿业、冶炼业、化工厂、制造厂的数量限制到正好满足本国人民的需要。然后我要发展水力和电力以制止烟尘为害。**为了取得这些结果，我要使所有的土地、磨坊、矿场、工厂、作坊、商店、船舶和铁路成为人民的财产。**”（重点是我加的）那就是说，人民为了拥有工厂、磨坊、作坊和商店而艰苦斗争，如果纳恩夸姆的愿望得以实现，至少有半数必须关闭；如果我们放弃对外贸易（见《梅里·英格兰》第四章），船舶就无用了；如果像纳恩夸姆希望的那样对人口作全面的重新分布，大部分铁路必然闲置。这种无用的斗争何时休止呢？我请纳恩夸姆认真考虑这一点——难道首先研究一个小问题，并把他的话转译为“比如说，给定 6 000 英亩土地，让我们尽力好好地利用它”不是更好吗？因为在处理这个问题以后，我们将使自己学会处理更大范围的事。

让我再从另外的角度来谈一下财富形式的短暂性，然后提出上述考虑使我们得到的结论。近 60 年来，社会——尤其是先进国家中的社会——变化是如此突出，公共建筑和私人建筑、交通通讯手段及其应用、机械、码头、人工港、战争手段、和平手段等等，目前我们文化的各种外在表现形式，大多数都经历了一场彻底的变化，而且其中有许多经历过多次彻底的变化。我想，在我国每 20 人中不到 1 人居住在 60 年前的房屋之中；每 1 000 名水手中不到 1 名驾驶的船是在60年前造的；每100名手工业者或工人中不到1名所处的车间、操作的工具或者使用的货车在60年以上。自从伯明翰到伦敦的第一条铁路建成到现在只有60年，而我们的各铁路公司所投的资本已达到10亿英镑，而我们的供水系统、煤气系统、电力照明系统和污水系统大部分都是近期建设的。那些60年前创造的实物遗存，尽管有些是无价的纪念品、范例和传世之宝，但其大多数肯定不是我们为之争辩和冲突的那类东西。其中的佼佼者是我们的大学、学校、教堂和寺院，而这些必然是教育我们的另一种教材。

但是，看到当今空前迅速的进步和发明，难道任何理智的人会怀疑今后60年会有非常显著的变化吗？难道有人会设想这些似乎在一夜之间雨后春笋般萌发出来的财富形式会有什么真正的持久性吗？姑且不谈劳动问题的解决办法和为成千上万双渴求工作而闲置的手寻找工作的解决办法——我认为我已证实了一种解决办法的正确性——仅仅潜心专注于发现新动力、新的（也许是穿越空中的）机动手段、新的供水方法或者新的人口分布等等本身就可能使多少物质形式全然无用和过时啊！那么我们为什么要为人类已经生产的东西争吵呢？为什么不先了解人类能够生产什么，只要决心去做，我们就可能发现大量机会，不仅能生产更好的财富形式，而且知道怎样在远为公正的条件下去生产它们呢？引用《梅里·英格兰》作者的话说："我们应该首先确定什么东西有利于我们身心的健康和欢乐，然后以用最好、最容易的方法生产这些东西为目标去组织我们的人民。"

因此，就这方面的本质而言，财富形式是短暂的，而且它们易于被更好的形式所取代，这在处于前进状态的社会中是不断发生的。然而，有一种物质财富形式是最长远和最持久的。就它的价值和用途而言，我们最惊人的发明也绝不能使它有所毁损，只能使它更明显、更普遍。我们所住的行星已持续了几百万年，人类正是从它的原始状态中形成的。我们之中那些相信在自然的背后有一个宏伟旨意的人绝不相信现在这个行星的历程似乎已被大大缩短；良好的希望正在人们的心中出现，因而对它的秘密有所了解以后，他们就历尽艰难困苦去寻求更高尚地使用其无限财富的途径。实际上从各方面来说，地球可以被认为是永存的。

既然每一种财富形式都必须以地球为基础，都必须由其表面或接近表面的构成要素来制造，因而（因为基础永远是首要的）改革家应该首先考虑怎样使地球更好地用来为人类服务。但是，我们的朋友，社会主义者，在这里又一次抓错了重点。他们公开声称的理想是使社会成为土地和各种生产工具的所有者；但是他们是如此急切地要在他们的计划中同时实现这两点，以致有点忽视土地问题的特殊重要性，因而迷失了改革的正确道路。

然而，也有一类改革家把土地问题列在非常显要的地位，虽然在我看来好像有点把其观点强加于社会的态度。亨利·乔治先生[①]在他的名著《进步与贫困》（*Progress and Poverty*）中雄辩但并不严谨地认为我们的各项土地法要对社会的各种经济弊端负责，

① Henry George(1839～1897)，美国经济学家、政论家。他极力鼓吹“土地改革运动”，主张实行土地单一税，认为由资产阶级国家把土地收归国有，把地租变成交给国家的赋税，资本主义的弊端就自行消灭。《进步与贫困》是他的主要著作，发表于1879年。

我们的地产主很少比海盗和强盗好些，国家应尽快没收他们的地租，因为他认为，这样做了以后贫困的问题就完全解决了。但是难道这项尝试把目前社会的可悲状态全部归咎于人类的单一阶级不是一个极大的错误么？地产主作为一个阶级在哪些方面不如普通公民正直呢？倘若给普通公民成为地产主并占有承租人创造的土地价值的机会，明天他就会接受。如果这样，普通人就是一个潜在的地产主，攻击地产主个人，非常像一个国家起草一份反对自己的起诉书，然后把一个特定阶级变成一个替罪羊[1]。

但是争取改变我们的土地体制与攻击代表这个体制的个人是完全两回事。不过如何实现这种改变呢？我的回答是：靠榜样的力量，也就是靠建立一个较好的体制，在组织力量和对待理想方面用一点技巧。就呼吁反对霸占而言，说每一个普通人都是一个潜在地产主并准备占有不劳而获的增值是完全正确的。但是普通人永远难得有机会成为一个地产主。因此，他最能非常平心静气地考虑这样一种做法是否确实正当，是否不可能逐步建立一个新的更公平的体制，由于在这种体制下没有占用别人创造的地租价值的特权，他自己就能确保他现在一直在创造或持有的地租价值不被霸占。我们已经阐明怎样在小范围内这样做；我们还要考虑这项试验怎样才能推广到较大的范围。这件事我们最好留待下一章去做。

〔1〕 我从《进步与贫困》中得到许多启发，但愿我这样写不是忘恩负义。

第十二章　社会城市

“如果人类一代又一代地长期生长在相同的贫瘠土壤中，他们的生机将不会比马铃薯更旺盛。因而只要我的孩子们的命运能由我来掌握，他们就一定要有别的出生地，使他们的根深深扎入陌生的大地。”

——N. 霍索恩：《绯红的信》[1]

“现在使人民感兴趣的问题是，在我们已获得民主的情况下，我们将做些什么？在它的帮助下我们将创造怎样的社会？我们是否只能无休止地看着伦敦、曼彻斯特、纽约、芝加哥之类的景象，它们的喧嚣和丑陋、谋取钱财、“绝路”和“搏击场”、罢工、奢侈和贫困的悬殊对比？或者我们是否能够建立一种社会，使人人享有艺术和文化，并以某些伟大的精神目标支配着人类的生活？”

——1891 年 3 月 4 日《每日纪事报》(*Daily Chronicle*)

简单地说，我们现在涉及的问题就是：如何使我们的田园城市

---

① Nathaniel Hawthorne(1804～1864)，美国小说家，《绯红的信》(*The Scarlet Letter*)发表于 1850 年。

试验成为遍及全国的、较高较好的产业生活方式的基石。在最初的试验取得成功以后，必然不可避免地出现推广如此健康、如此优越的方法的广泛要求；因此，最好考虑一些在推广过程中一定会面临的主要问题。

我想，在解决这个问题以前最好先考虑一下铁路企业在早期进程中表现出来的类似情况。这将有助于我们更清楚地看到新发展的某些较全面的特征；只要我们显得精力充沛和富于想象，这种新发展就和我们关系十分密切。起初，铁路是在没有任何法定权力下建设的。它们的建设规模很小，距离很短，只需取得一位、最多几位土地所有者同意；因而很容易取得私人的同意和安排，并不是一个需要求助于国家法律的合适主题。但是一旦“火箭”①建成，机车的权威完全确立，这时，如果铁路企业要向前发展，就需要获得法律权力了。因为不可能，至少很难和占地延伸数十或数百英里的全部土地所有者都能达成公平的协议；只要有一个固执的地产主就能利用他的地位为他的土地索取惊人的高价，这样就实际上扼杀了这个企业。所以，需要获得权力，确保强制维持土地的市场价格，或者使之不致过分偏离市场价格；这样做了以后，铁路企业就高速发展起来，每年国会批准用于铁路建设的资金都不少于13 260万英镑[1]。

因此，如果国会权力对于发展铁路企业是必要的话，那么一

---

① 由乔治·史蒂文森制造的多火管锅炉机车。1829年在利物浦—曼彻斯特铁路公司组织的机车竞赛中获优胜奖。

〔1〕 Clifford, *History of Private Bill Legislation* (Butterworth, 1885), Introduction, p. 88.

旦群众充分认识到建设妥善规划的新城镇，把人口从旧的贫民窟城市迁来本来就是可行的，犹如把一个家庭从破旧的分租公寓迁入舒适的新住宅一样自然，而且其难易程度取决于运用权力的大小时，这种权力肯定也是需要的。要建设这些城镇，必须要有大面积的土地。如果只要和一个或几个土地所有者协商，到处都可找到一个合适的地点，但是如果这个运动要进展得非常科学，就必须有比我们第一个试验所占用的土地广阔得多的大片土地。因为正如第一小段铁路只是铁路企业的萌芽，它只能使少数有才智的人想到遍及全国的铁路网，所以我所描述的那种妥善规划的城市的想法，并不是要读者为今后必然随之出现的发展做规划和建设城镇群的准备——城镇群中的每一个城镇的设计都是彼此不同的，然而这些城镇都是一个精心考虑的大规划方案的组成部分。

请让我在这里介绍一个非常粗略的示意图，正如我设想的那样，它代表着所有城镇在发展中应遵循的正确原则。我们将假设，田园城市一直增长到人口达到 32 000 人。它将怎样继续增长？它将怎样满足那些被它的多种优点吸引来的人的需要？它是否要在环绕它的农业地带上进行建设，从而永远损坏它称为“田园城市”的名声？肯定不是。如果环绕该城镇的土地，像环绕我们现有城市的土地一样，属于那些迫切想从中牟利的私人，这种灾难性后果肯定会出现。因为在城市被填满时，把农业土地用于建设的条件就会“成熟”，从而使城市的美丽和有益健康的条件迅速丧失。但是幸而环绕田园城市的土地不在私人手中，而在人民手中：不是按个人设想的利益，而是按全社区的真正利益来管理。很少有什么东西比公园和绿野那样受到人民如此认真的保护；我想，我们可以放心，田园城市的人民片刻也不会允许他们城市的美景遭到发展过程的破坏。但是应该着重指出——倘若如上所述，田园城市的居民是否不会因此自私地制止他们城镇的增长，从而使许多人不能享受其优越性呢？肯定不会。有一个光明的而且高瞻远瞩的替代方案。城市一定要增长，但是其增长要遵循如下原则——这种增长将不降低或破坏，而是永远有助于提高城市的社会机遇、美丽和方便。让我们想一下澳大利亚一座城市的情况，它在某些方面说明了我所主张的原则。正如附图所示，阿德莱德（Adelaide）城被“公园用地”所包围。城市已经建成。它将怎样增长？它的增长是越过“公园用地”建设北阿德莱德（North Adelaide）[1]。这就是要效法的原则，但在田园城市中有所改进。

我们的示意图现在就好理解了。田园城市建成了。其人口达到 32 000 人。它将如何发展呢？它将靠在其“乡村”地带以外不远的地方——可能要运用国会的权力——靠建设另一座城市来发展，因而新城镇也会有其自己的乡村地带。我是说“靠建设另一座城市”，因而在行政管理上是两座城市。但是，由于有专设的快速交通，一座城市的居民可以在很短的时间内到达另一座城市，所以两座城市的居民实际上属于一个社区。

---

〔1〕 不仅是阿德莱德，在澳大利亚和新西兰有许多其他城市一开始就规划了公园带。这些实践的构思还没有被明确描述，但是是值得研究的。在历史上有许多霍华德思想的先兆，用纯净的农业地带环绕城市。例如“利未记”第二十五章、“以西结书”①第三十五章和莫尔（More）的《乌托邦》（1515）。——1946 年版编者

① “利未记”和“以西结书”都是《圣经》旧约中的卷名。

译　　注

图题:图 4　阿德莱德及其用地

这一增长的原则——在我们城市的周围始终保留一条乡村带，直到随着时间的推移形成一个城市群——并不一定要严格按照我的示意图来贯彻，但是这种环绕一个中心城市的布置，使整个组群中的每一个居民虽然一方面居住在一个小镇上，但是实际上是居住在一座宏大而无比美丽的城市之中，并享有其一切优越性；然而乡村所有的清新乐趣——田野、灌木丛、林地——通过步行或骑马瞬时即可享用[1]。因为美丽的城市组群是建设在人民以集体身份拥有的土地上，所以将有规模宏伟的公共建筑、教堂、学校以及大学、图书馆、画廊、剧院等，那是世界上任何土地押在私人手中的城市无能为力的。

我已说过，居住在这一美丽的城市或城市群中的居民要建设快速铁路交通。示意图中大致表示出铁路系统的主要特征。首先有一条市际铁路，把外环所有的城镇联系在一起——周长 20 英里——因此从任何城镇到最远的邻镇只需走 10 英里，大约 12 分钟可到达。这种列车不在城镇之间设站——这项运输任务由行驶在公路上的有轨电车来承担，可以看到有不少这种公路——组群中的各个城镇彼此都有直达路线相通。

还有一种铁路系统，它使各个城镇与中心城市取得直接联系。从任何城镇到中心城市中心的距离只有 3.25 英里，5 分钟即足以到达。

---

[1] A. 马歇尔教授在向帝国和地方税制皇家顾问委员会(Royal Commission on Imperial and Local Taxation，1899)作证时提出一个全国“新鲜空气率”，作为确保城市四周和城市之间乡村地带存在的一种手段：“中央政府应该看到，城镇和工业区不在没有充分提供新鲜空气和康乐活动的情况下继续增长，是保持人民活力和他们在各民族中地位的需要。……我们不仅需要拓宽我们的街道和在城市中增设游戏场。我们还需要防止一座城镇增长到另一座城镇或邻近村庄中去；我们需要保持牛奶场等等绵延不断的乡村间隔和公共娱乐场地。”——1946 年版编者

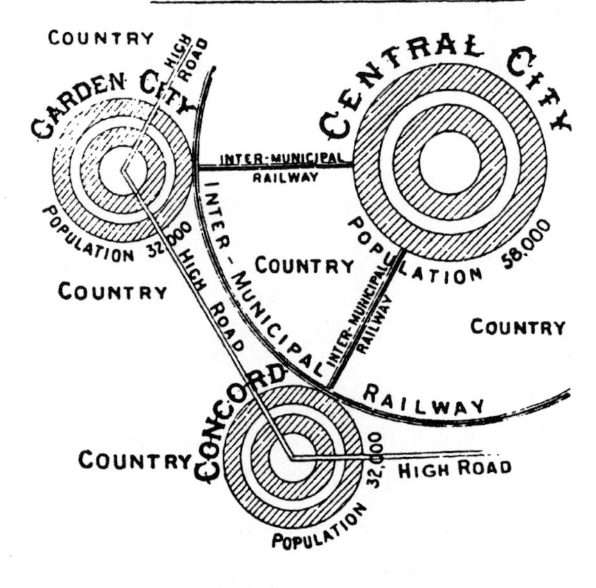

译　　注

图题:图 5　城市增长的正确原则

那些饱尝从伦敦一个近郊区到另一个近郊区通勤之苦的人，立即就会看出住在这里所示的城市群中的人享有多大的优越性，因为在各目的地之间为他们服务的将是一个铁路系统而不是铁路错乱。伦敦遭受的痛苦肯定是由于缺乏远见和事先安排。为此我要借用贝克爵士[①]于 1895 年 11 月 12 日对土木工程师协会作主席就职演说中的一段话："我们伦敦人经常抱怨城市内部与四周的铁路和终点站缺乏系统安排，这使我们不得不长距离乘坐出租马车从一个铁路系统到另一个铁路系统。我确信，这种困难的存在和产生主要是由于没有一个比 R. 皮尔爵士[②]更强的有远见的政治家。"因为 1836 年下院提出一项动议，要求所有想在伦敦取得终点站权的铁路议案应该提交一个特别委员会处理，从而可以从呈送国会的大量工程计划中形成一个完整的方案，不致因许多相互竞争的方案使财产遭受不必要的损失。皮尔爵士从内阁的角度反对这项动议，其理由是："任何铁路建设计划在多数国会议员宣称他们对其原则和措施表示满意、其投资有利可图以前，都不能付诸实施。这已是公认的原则，因此一项事业可能被列入议案以前就应该表明其预期利润足以维持该事业长期正常运转，地产主也完全有理由要求国会给予这种保证。"因此，由于城市没有一个大的中心车站，无意中使伦敦人遭受到无法计算的损失。事实表明，通过一项法案就意味着一条铁路的经济前景有了保证的假设是多么荒唐。

---

① 见第 23 页译者脚注。

② Robert Peel (1788～1850)，英国 19 世纪上半叶重要政治人物之一，两度任首相。因进行一些财政经济改革，尤其是废除《谷物法》(1846)，与保守党政策抵触，遭党内反对而下台。

但是,难道英国人永远要受那些不懂铁路未来发展的人的缺乏远见之苦吗？肯定不会。事物的本质应该与正确的原则相一致,不能像已经建设的第一个铁路网那样;而且现在,有鉴于快速交通工具带来的巨大进步,我们正该较充分地利用这些工具,根据我大致表明的那些规划方案,建设我们的城市。由于快速交通的综合效果,我们彼此之间都将比住在拥挤的城市中靠得更近,与此同时,我们都将使自己置身于最健康、最优越的环境之中。

我的有些朋友认为,这种城镇群方案非常适用于一个新国家,但是在一个城镇早成定局的国家中,城市已经建成,大部分铁路“系统”已经建成,情况就不大相同了。但是可以肯定,产生这种观点,换句话说,就是坚决认为国家的现有财富形式是永久的,而且永远是引进较好形式的障碍;拥挤的、通风不良的、未经规划的、臃肿的、不健康的城市——正在我们美丽的岛屿上溃烂——妨碍着引进新的、使现代科学方法和社会改革目标能充分发挥各自作用的城市形式。不行,不能这样;至少不能长期这样。不论如何阻挡,不论一时怎样,都不能制止前进的潮流。那些拥挤的城市已完成了它们的使命;它们是一个主要以自私和掠夺为基础的社会所能建造的最好形式,但是它们在本质上就不适合于那种正需要更重视我们本性中的社会面的社会——无论哪一个非常自爱的社会,都会使我们强调更多关注我们同伴的福利。今日的大城市适合于表达博爱精神的程度几乎不比我们的学校允许接受地球是宇宙中心的天文学著作更好些。每一代人都应该建设适合自身需要的东西;事物的本质并不认为人们应该继续住在他们的祖先曾经住过的老地方，就像并不认为人们应该死抱住被广泛信任但被扩大了解所突破的旧信念一样。因此，我诚挚地请读者不要想当然地认为，他也许会可原谅地引以自豪的大城市必然会表现为现在的形态，必然会比公共马车系统更持久，就在铁路快要代替公共马车系统的时刻，它还是非常令人赞赏的[1]。我们要面对的，而且一定会面对的唯一问题是：在一块基本尚未开垦的土地上实施一个大胆的规划方案，是否能比使我们的旧城市适应我们的新的更高的需要，更能获得好的结果？面对这样清楚的问题，只能有一种回答；当简单的事实被牢牢掌握以后，社会的剧烈变革就会迅速开始。

众所周知，我国有足够的土地，可以在较少干扰既得利益集团，因而只需很少补偿的情况下，建设一个我所描绘的城镇群；当我们的第一次试验取得成果以后，要获得必要的国会权力以购置土地，并一步一步地落实必要的工作就没有大困难了。各个郡议会正在要求更大的权力，而负担过重的国会愈来愈迫切地要移交一些职责给它们。但愿这种权力给得愈来愈多。但愿能给予愈来愈大的地方自治权。这样，我的示意图描绘的一切——只有在妥善协调、组合的思想指导下形成远为良好的规划方案以后——将可顺利实现。

但是有人会说，“由于这样坦率承认你的方案的间接威胁，对我国既得利益集团构成极大危险，难道你不是在武装既得利益集团来反对你自己，从而不可能通过立法来进行任何改革吗？”我想

〔1〕 例如，见斯科特爵士①《中洛锡安的心》(*The Heart of Midlothian*)第一章。

① Walter Scott(1771～1832)，苏格兰诗人，历史小说家。

不会。有三条理由。第一,那些被认为组成坚固方阵反对进步的既得利益集团,靠习惯的力量和事态的发展,有朝一日将分化为对立的阵营。第二,那些很难向某种社会主义者有时构成的威胁屈服的财产所有者,很容易在事物的必然性表明较高形式的社会具有无可怀疑的优越性时,对它作出让步。第三,因为在所有既得利益集团中,最大、最重要的,因而也是最有影响的那些人——我指的是那些靠体力或脑力劳动谋生的既得利益集团——当他们了解到改变的本质以后,将很自然地赞成这种改变。

请允许我分别谈谈这几点。首先,我说既得利益集团将一分为二,组成对立的阵营。这种分裂过去已经有过。例如,在铁路立法的早期,运河和公共马车的既得利益集团惊恐万状,竭尽全力反对和阻挠威胁他们的东西。但是大量的其他既得利益集团轻而易举地把这种反对撵在一边。这些既得利益主要表现在两个方面——资金要投放,土地要出售(第三种既得利益,即劳动力要就业,当时几乎还没有开始争取其权利)。现在请注意,田园城市能轻易取得的这种成功试验是如何在既得利益集团的基岩之中打进一个大楔子,以不可抗拒的力量把它们分开,并使立法的潮流坚定地指向一个新方向的。这一试验彻底证明了什么呢? 在多得不计其数的事物中,它将证实在未耕作的荒地上(只要土地掌握在公正的条件下)可以比在目前市场价格高得惊人的土地上确保远为健康和经济的条件;在证实这一点以后,就会广开迁移的大门,使人们从拥挤的、地租人为飞涨的旧城返回到目前可以保证地价非常便宜的地区。这样会出现两种趋势。首先是城市地价有强烈下跌的趋势；其次是农业地价有不很明显的上涨趋势[1]。农业用地的所有者，至少是那些愿意出售土地的人——其中有许多人甚至现在就迫切地想这样做——将欢迎推广这一试验，它使英国的农业再次有可能处于繁荣的地位；城市用地的所有者，倘若他们十足自私的利益占上风，就会非常害怕。因此，全国的土地所有者将分成两个对立的派别，土地改革——以此为基础必然可以进行其他改革——的道路就比较容易走了。

同样，资金也将分为对立的阵营。已经投放的资金——也就是投入社会将认为属于旧秩序企业的资金——将感到惊慌并大大贬值；另一方面，谋求投放的资金将欢迎有一条出路，这是它长期以来最迫切需要的。从另一方面考虑，已经投放的资金还将进一步削弱，主要是其持有者将力争——甚至大大亏本——出售一部分历史悠久的股票，并把它们投入在市属土地上的新企业，因为他们不希望"孤注一掷"；这样既得财产的对立影响就彼此抵消了。

但是我相信，既得利益集团仍将在其他方面发挥较显著的影响。当一个富人亲自遭受攻击并被谴责为社会敌人时，就不会轻易相信那些谴责他的人的完全良好的信念，倘若要想运用国家的强制手段向他征税时，他是容易竭尽全力，合法的和非法的，去反对这种企图的，而且往往毫不计较是否成功。但是一般富人和一般穷人一样并不纯属自私的混合物。如果他看见他的房屋或土地贬值，不是由于暴力，而是由于住在其中或赖以为生的人学会了如何建设自己更好的家园，使土地保持对他们更有利的状态，使他们

[1] 主要原因是由于农业用地与城市用地相比，数量大得惊人。

的孩子们享受到许多在他的房地产上不能享受的有利条件，他将达观地服从不可避免的命运，而且在他情绪较好的时候，甚至欢迎很可能使他遭受比任何税制影响都远为巨大的金钱损失的变化。每个人都有一定程度的改革天性；每个人都有一些对其同伴的尊重；当这些天然感情与他的金钱利益相悖时，其结果是所有的人的对立情绪都不可避免地有所缓解，而有一些人则被炽热地追求国家利益的感情所完全取代，即使牺牲许多珍贵的财物也在所不惜。因此这就是，不愿意拱手交给外在暴力的东西，却可以作为一种内在推动的结果，欣然转让。

现在让我谈一点各种既得利益集团中最大、最有价值和最持久的部分——有技术、劳动力、能力、才干、勤奋的既得利益集团。他们将受到什么影响呢？我的回答是，把土地和资金的既得利益集团一分为二的力量将把那些以劳动为生的既得利益集团联合和巩固起来，并使他们把他们的力量与农业用地的持有者和谋求投放资金的持有者联合起来，以促进国家认识到立即为重建社会提供设施的必要性；倘若国家行动冷漠，就采用类似于在田园城市试验中采用过的自愿集体努力的办法，并做一些经验表明必要的修改。建设我们示意图中表达的那种城市群的任务可以很好地激起所有的劳动者联合各种人的热情，因为这项任务需要各种工程师、建筑师、艺术家、医生、卫生专家、风景园艺师、农学专家、测量员、施工人员、工厂主、商人和金融家、工会和友好社团与合作社团的组织者，以及最简单形式的非技术劳动者和介于低技术和有才能之间的各种形式的劳动者的最大才干。因为看来使我的朋友感到害怕的任务的艰巨性，仅仅只要有高尚的精神来执行这项任务，并怀有高尚的目标，实际上就反映了它对社区的价值分量。我们已经多次强调，工作饱满是当今最大的需要，自文明开始以来，还没有打开过像我们面临的再次全面重建社会外部结构的任务所展现的就业领域，在我们建设时，要用上几个世纪的经验所教给我们的全部技术和知识。在本世纪初[①]，为建设纵横贯穿全岛，把所有城镇连接成一个大网络的钢铁大道曾提出过一个“大订货单”。但是规模像其影响一样大的铁路企业和新近提出的任务相比，对人民生活的教育意义只不过是很少的几点。这些任务就是：为贫民窟城市建设家园城镇；为拥挤的宅院设置花园；在被淹的洼地建筑美丽的水道；建立一个科学的分配体制以代替混乱；建立一个公正的土地租赁体制以代替我们希望废弃的自私的体制；为现在监禁在贫民习艺所中的贫苦老人建立享有自由的抚恤金；在堕落的人的心田中消除绝望，唤起希望；平息愤怒的叫嚣，唤醒兄弟情谊和友好的轻柔音符；让强壮的手拿起和平和建设的工具，从而减少无用的战争和破坏的工具。这些任务可使许多劳动者挽起手臂，利用起那种由于现在没有充分利用而造成半数贫困、疾病和痛苦的力量。

① 指19世纪初。

第十三章　伦敦的未来

我们现在将饶有兴趣地考虑，由于在新区开辟了如此广阔的就业领域，在我们现有的拥挤城市中将产生的一些引人注目的影响。我希望，现在读者的思想上也能对之有较清晰的了解。新城镇和城镇群正在我们岛屿上目前几乎荒无人烟的地方出现；世界上现有的最科学的新交通工具正在建设：新的销售手段使生产者和消费者建立起较密切的关系，从而（由于减少铁路税、运费和利润额）立即使价格对生产者来说是上升了，而对消费者来说却下降了；公园和花园、果园和林地设置在生活繁忙的人民之中，从而使他们可以最充分地享用；正在为那些长期住在贫民窟中的人建设住宅；失业者有工可做，无地者有地可种；长期受抑制的精力到处都有施展的机会。当人们的个人才智被唤醒，他们的心中将充满一种新的自由、愉快感，从而可以在一个既能从事最圆满的集体活动、又能享有最充分个人自由的社会生活中，找到长期追求的自由和秩序统一、个人福利和社会福利统一的手段。

由于新的对比，我们的拥挤的城市在外表上一下子就显得陈旧、衰老了，但是在性质上，它们的影响却是很深远的。为了更好地研究它们，我们最好把注意力集中在伦敦，作为我们最大、最臃肿的城市，它的那些影响很可能表现得非常突出。

正如我在开头所讲的那样，有一种几乎到处都有的思潮，那就是急切需要一种解决乡村地区人口下降、大城市人口过多的对策。但是，尽管每一个人都认为应该认真寻求一种对策，看来却很少有人相信最终会找到它。我们的政治家和改革家的计算所依据的假设是：人流不仅不会从大城市实际转向农村，而且在今后很长一段时间还要继续按现在的方向流动，速度几乎不会降低[1]。这样就很难设想在确信根本找不到所需对策的情况下，可能以极大的热忱或彻底精神来进行任何探索；因此，尽管伦敦郡议会的前主席（罗斯伯里勋爵）声称这个庞大城市的增长犹如大肿瘤的增长（见第3页）——几乎没有人敢否定这个比拟的正确性——然而那个机构的许多成员，不是把他们的精力用于减少人口来改造伦敦，而是贸然提倡一种政策，以市政当局的名义购置许多其价格肯定远远高于其价值的设施，以求找到长期寻求的对策。

现在让我们假设（如果读者怀疑，这仅仅是一种假设）本书提倡的对策是有效的：即新的田园城市在全国市属土地上出现——这种集体财产的税租构成足以从事代表现代工程师的最高技术和进步改革家的最好愿望的市政事业的基金；从而使这些城市展现

[1] 没有必要举例说明这意味着什么。但是我想到一个例子，那就是伦敦继续增长的假设构成了《1893年大城市供水问题皇家顾问委员会报告》(*Report of the Royal Commission on Metropolitan Water Supply*，1893)的基本前提之一。相反，我要满意地指出，威尔斯先生(Mr. Herbert George Wells)最近已完全改变了他对伦敦未来发展的观点（见《未来事物的面貌》(*Anticipations*)第二章）。参阅"工业分布"("The Distribution of Industry", by P. W. Wilson, in *The Heart of the Empire* (Fisher Unwin))和"工业的再分布"(Mr. W. L. Madgen, M. I. E. E., on "Industrial Redistribution", *Society of Arts Journal*, February 1902.)。

出更健康、更卫生、更清洁、更公正和经济更稳定的环境。那么对伦敦和伦敦人口,对其地价、城市债务、城市财产,对伦敦作为一个劳动力市场,对其居民的住宅、绿地以及我们的社会主义改革家和城市改革家目前急于促成的伟大事业最显著的本质影响是什么呢?

首先注意,地价将大大下跌!当然,只要58 000平方英里的英格兰土地上的121平方英里发挥如此巨大的磁引力作用,吸引着全国1/5的人口,这些人彼此剧烈对抗,争取在此狭小土地上占有一席之地的权利,这些土地就具有垄断价格。但是,使人民"退磁",使许多人确信通过迁往别处,他们可以用各种方法来改善他们的条件,那么这个垄断地位又将如何呢?魅力消失,泡影幻灭。

但是伦敦人的生活和收入不仅依靠好心允许他们以惊人的地租——目前每年为1 600万英镑,而且逐年上涨——住在那里的土地所有者,而且还依靠大约4 000万英镑的伦敦城市债务。但是请注意,一个城市债务人在最重要的方面与普通债务人非常不同。**他可以用迁移来逃避付款**。他只要从一个既定的城市地区迁出,他立即就**根据这一事实**,不仅摆脱了对其地产主的全部义务,而且摆脱了对其城市债权人的全部义务。当然,在他迁移时,他必须承担新的城市地租和新的城市债务;但是在我们的新城市中,这些只是现在承担额的极小并不断减少的部分。因此,由于这一点和其他许多理由,迁移的诱惑力是非常大的。

但是现在让我们注意,每一个从伦敦迁出的人在使留下的人减轻**地租**负担的同时,为什么将使伦敦的纳税人的**地方税**负担甚至有所加重(除非法律有所改变)。因为,虽然每一个迁出的人将使留下的人与他们的地产主达成愈来愈有利的协议；另一方面，城市债务依然不变，其利息将由愈来愈少的人承担，因此劳动人民因地租下降所减轻的负担将因地方税上升而大打折扣。这样迁移的诱惑力将能持久，而且更多的人将搬迁，使债务负担愈来愈大，直到最后，尽管地租也随之降低，也会变得难以容忍。当然，这一巨大的债务本来是不必产生的。要是伦敦建在市属土地上，它的地租不仅会轻易地支付各种当前的支出，根本不需要征收地方税或谋取长期贷款，而且它早就会有自己的供水设施以及许多其他有用、并有利可图的设施，而不是处于现在债务庞大、财产很少的境地。但是，一个堕落和不道德的体制最终必然走向崩溃，当达到断裂点时，伦敦债券的所有者将和伦敦土地的所有者一样，如果他们不同意在他们的旧城址按公平合理的原则重建，就不得不向能运用简单的迁移对策在别处建设一个更愉快、文明世界的人民让步。

我们还要大致注意一下这种人口迁移和两大问题的关系——伦敦人的住房问题和留下的人的就业问题。现在伦敦劳动人民为获得最悲惨和微不足道的土地所支付的地租表明，每年有愈来愈多的人迁入，而上下班通勤费用的持续增长，往往表明时间和金钱的极大负担。但是请设想一下伦敦人口在减少，在迅速减少；移民们在地租极低的地方安家落户，他们的工作就在住宅的步行距离之内！显然，伦敦房产的租赁价值将降低，而且大大降低。贫民窟房产将消失，所有劳动人民将迁入等级大大高于现在他们无力享用的住宅。现在被迫在一个房间里挤成一团的家庭将能租到五六个房间，这样，靠减少承租人的简单办法，将使住房问题暂时自行解决。

但是那些贫民窟房产将怎么办？它那勒索大部分艰苦谋生的伦敦穷人的力量已一去不复返。然而，虽然它不再危害健康和有损体面，但是是否仍然是一种刺眼的污点呢？不会。那些肮脏的贫民窟将拆除，它们的用地将被公园、游憩场地和自留地占用。这一变化以及其他许多变化将被实现，不是由纳税人来支付，而是几乎全部由地产主阶级来支付：至少是如果他们的有些房产仍有一定租赁价值，其地租仍然由伦敦人民来支付，那么这些地租就要承担城市改造。我想，为实现这一结果并不需要国会法令的强制力量：也许它将靠土地所有者的自愿行动来实现，由不可回避的复仇女神来迫使他们对长期造成的重大不公正作出一些赔偿。

让我们看看必然会发生什么事。在伦敦以外开辟了广阔的就业领域，除非在伦敦内部也开辟对应的就业领域，否则伦敦必亡。这时土地所有者将处于可悲境地。别处建立了城市：伦敦必须改造。别处城市渗入乡村：这里乡村必须渗入城市。别处在地价低廉的条件建设城市，然后把这些土地归新市政当局所有：伦敦也必须作出相应安排，否则无人会来建设。别处由于买下全部土地付息不多，可以迅速科学地开展各种改善措施：伦敦类似的改善措施只能在既得利益集团承认不可避免的接受条件时才能进行。这种条件似乎可笑，但是不可能多于一个工厂主往往迫使自己接受的条件：以可笑的低价出售用巨款购置的机器，只因为市场上有好得多的机器，面对剧烈的竞争，运用劣等机器不再有利可图。无疑，资金的转移将会很多，但是劳动力的转移甚至更多。少数人可能会相对变穷，但是多数人将相对变富——这是一种非常健康的变化，虽然稍有缺陷，社会却能大大安定。

即将出现的变化已有可见的征兆——地震前的隆隆声。现在伦敦就正在和它的土地所有者作斗争。盼望已久的伦敦改造正等待着法律的变化，让伦敦的土地所有者承担一些改造费用。规划了一些铁路，但是不少尚未建设——例如埃平森林①铁路(Epping Forest Railway)——因为伦敦郡议会非常英明地急于控制乘坐工人列车的票价，在一个国会委员会的支持下促使这笔费用由创办人来承担，这对他们来说似乎是非常艰巨而无利可图的，但是这对公司也十分有利。因为公司不必以高得难以接受的价格去取得规划线路沿途的土地和其他财产。这种对企业的控制，即使是现在也必然影响伦敦的增长，使它比不这样做要增长得慢些。但是当我们土地的无数宝藏得以开发，当现在住在伦敦的人发现无需斗争就会多么容易地使既得利益集团就范，那么伦敦的土地所有者和那些其他既得利益集团的代表，最好尽快让步，否则伦敦除了变成艾伦先生(Grant Allen)所说的"一个肮脏的村庄"以外，还可能成为一个荒凉的村庄。

但愿妥善协商会取得成功，新城市将在旧城的废墟上出现。任务肯定是艰难的。相对而言，在处女地上规划图5(见第108页)所示的宏伟城市方案是容易的。最难的问题是——即使所有的既得利益集团都无条件地自行消灭——在大量人口占用的旧址上重建一个新城市。但是至少有一点是肯定的，那就是伦敦郡议会现在管辖的范围(如果考虑到健康、美丽和往往优先考虑的——迅速生产各种财富形式)是不会容纳多于现有人口的，比如说1/5；

① 埃平森林位于伦敦东北郊，原为皇家猎园，现为郊区旅游胜地。

如果要挽救伦敦，就必须建设新的铁路、污水、排水、照明、公园等等系统，而整个生产和销售系统必须经受像从物物交换系统变成我们现行商业系统那样彻底而明显的变化。

已经有人提出过伦敦重建的建议。1883 年，已故的韦斯特加思先生（William Westgarth）向艺术协会（Society of Arts）提供了 1 200 英镑，作为用最好手段向伦敦穷人提供住房和重建伦敦中心区试验方案的奖金——这一倡议得到了若干相当大胆的方案[1]。不久以前在一本名为《伦敦街道综合改造方案》（Mr. Arthur Cawston, *A Comprehensive Scheme for Street Improvements in London*, Stanford）的前言中有下列引人注目的一段话："与伦敦有关的文献尽管很多，但是没有一个致力于解决伦敦人最感兴趣的问题。他们开始认识到——部分是由于他们愈来愈广泛的旅行，部分是由于美国和其他外国评论家的启发——他们的首都在没有市政当局控制性指导的情况下庞大增长，不仅使它成为世界最大的城市，而且也许是最乱、最不方便、住宅最杂乱无章的城市。1848 年以来，改造巴黎的综合规划逐步形成；1870 年以来，柏林的贫民窟已经消失；在格拉斯哥中心区有 88 英亩已经改造；伯明翰把 93 英亩肮脏的贫民窟变成有建筑艺术风格的街道；维也纳雄伟的外环已经竣工，即将改造其内城：作者的目的是用实例和图解表明，用什么方法能使改善上述城市的成功手段适应于伦敦的需要。"

---

〔1〕 见《伦敦中心区的重建》（*Reconstruction of Central London*, George Bell and Sons）。

然而，彻底改造伦敦的时刻——最终将在比现在巴黎、柏林、格拉斯哥、伯明翰或维也纳展现的更为综合的范围内出现——尚未来到。必须首先解决一个简单问题。必须建设一个小的田园城市作为工作模型，然后才是建设前一章谈到的城市群。在完成这些任务，而且完成得很好以后，就必然要改建伦敦，这时，既得利益集团的路障即使没有完全清除也大部分被清除了。

所以，让我们首先把全部精力集中在这些任务的较小方面，把放在一边的大任务仅仅作为对当前既定行动路线的激励，作为理解如果小事做得态度正确、方法对头就具有伟大价值的一种手段。

索　　引

（按汉语拼音排序，“注”为正文中的脚注）

F

G

H

J

K

L

M

N

O

P

Q

R

S

T

W

X

Y

Z

图书在版编目(CIP)数据

明日的田园城市/(英)霍华德著;金经元译.—北京:商务印书馆,2010(2022.11重印)
(汉译世界学术名著丛书)
ISBN 978-7-100-07225-0

Ⅰ.①明… Ⅱ.①霍… ②金… Ⅲ.①居住区—城市规划—研究 Ⅳ.①TU984.12

中国版本图书馆CIP数据核字(2010)第113299号

汉译世界学术名著丛书
明日的田园城市
〔英〕埃比尼泽·霍华德 著
金经元 译

商 务 印 书 馆 出 版
(北京王府井大街36号 邮政编码100710)
商 务 印 书 馆 发 行
北京新华印刷有限公司印刷
ISBN 978-7-100-07225-0

2010年10月第1版 开本850×1168 1/32
2022年11月北京第8次印刷 印张5⅛ 插页2
定价:23.00元